Antonio Carlos da Fonseca Bragança Pinheiro
Marcos Crivelaro

MATERIAIS DE CONSTRUÇÃO

3ª EDIÇÃO

Av. Dra. Ruth Cardoso, 7221, 1º Andar, Setor B
Pinheiros – São Paulo – SP – CEP: 05425-902

SAC Dúvidas referentes a conteúdo editorial, material de apoio e reclamações: sac.sets@somoseducacao.com.br

Diretora executiva	Flávia Alves Bravin
Gerente executiva	Renata Pascual Müller
Gerente editorial	Rita de Cássia S. Puoço
Editora de aquisições	Rosana Ap. Alves dos Santos
Editoras	Paula Hercy Cardoso Craveiro
	Silvia Campos Ferreira
Produtor editorial	Laudemir Marinho dos Santos
Serviços editoriais	Kelli Priscila Pinto
	Marília Cordeiro
Preparação	Halime Musser
Revisão	Angélica Halcsik
Diagramação	Ione Franco
Impressão e acabamento	Gráfica Eskenazi

DADOS INTERNACIONAIS DE CATALOGAÇÃO NA PUBLICAÇÃO (CIP)
ANGÉLICA ILACQUA CRB-8/7057

Crivelaro, Marcos
  Materiais de construção / Marcos Crivelaro, Antonio Carlos da Fonseca Bragança Pinheiro. – 3. ed. – São Paulo: Érica, 2020.
  184 p. (Série eixos)

  Bibliografia
  ISBN 978-85-365-3274-5

  1. Materiais de construção 2. Construção civil 3. Engenharia de materiais I. Título

19-2474   CDD 691
                                            CDU 691

Índices para catálogo sistemático:
1. Materiais de construção

Copyright© Antonio Carlos da Fonseca Bragança Pinheiro, Marcos Crivelaro
2020 Saraiva Educação
Todos os direitos reservados.

3ª edição

Nenhuma parte desta publicação poderá ser reproduzida por qualquer meio ou forma sem a prévia autorização da Saraiva Educação. A violação dos direitos autorais é crime estabelecido na Lei n. 9.610/98 e punido pelo art. 184 do Código Penal.

CO 646641   CL 642517   CAE 717441

AGRADECIMENTOS

Ao Instituto Federal de Educação, Ciência e Tecnologia de São Paulo (IFSP) - autarquia federal de ensino gratuito –, que, pelo exercício do magistério, nos permitiu a aquisição de experiência docente e a convivência com alunos do ensino técnico do curso de nível médio em Edificações.

Ao Centro Estadual de Educação Tecnológica Paula Souza (CEETEPS) e às Escolas Técnicas Estaduais (ETECs) Getúlio Vargas, Guaracy Silveira e Martin Luther King – instituições paulistas de ensino gratuito –, que nos possibilitaram aprimoramento profissional mediante a prática docente exercida no ensino técnico de nível médio em cursos de construção civil.

Aos corpos docentes das instituições citadas, pelo convívio repleto de alegria e troca de conhecimentos.

Às empresas do setor privado, fornecedoras de materiais e prestadoras de serviços, que sempre colaboraram em palestras, minicursos e doações voluntárias.

Às instituições de ensino e pesquisa que permitiram a obtenção de titulações na graduação e no *stricto sensu*: Universidade Presbiteriana Mackenzie, Escola Politécnica da Universidade de São Paulo (EPUSP) e Instituto de Pesquisas Energéticas e Nucleares (Ipen-USP).

Os autores.

ESTE LIVRO POSSUI MATERIAL DIGITAL EXCLUSIVO

Para enriquecer a experiência de ensino e aprendizagem por meio de seus livros, a Saraiva Educação oferece materiais de apoio que proporcionam aos leitores a oportunidade de ampliar seus conhecimentos.

Nesta obra, o leitor que é aluno terá acesso ao gabarito das atividades apresentadas ao longo dos capítulos. Para os professores, preparamos um plano de aulas, que o orientará na aplicação do conteúdo em sala de aula.

Para acessá-lo, siga estes passos:

1. Em seu computador, acesse o link: **http://somos.in/MDC3**
2. Se você já tem uma conta, entre com seu login e senha. Se ainda não tem, faça seu cadastro.
3. Após o login, clique na capa do livro. Pronto! Agora, aproveite o conteúdo extra e bons estudos!

Qualquer dúvida, entre em contato pelo e-mail **suportedigital@saraivaconecta.com.br**.

SOBRE OS AUTORES

Antonio Carlos da Fonseca Bragança Pinheiro é bacharel em Engenharia Civil pela Universidade Presbiteriana Mackenzie e doutor em Engenharia Civil pela Escola Politécnica da Universidade de São Paulo (EPUSP). Na área de construção civil, foi chefe de departamento de projetos, gerente de engenharia e diretor técnico. Foi professor e diretor da Escola de Engenharia da Universidade Presbiteriana Mackenzie e diretor de *campus*, coordenador e docente na área de construção civil do Instituto Federal de Educação, Ciência e Tecnologia de São Paulo (IFSP). É docente da Faculdade de Tecnologia de São Paulo (Fatec-SP), da Universidade Cidade de São Paulo (UNICID), da Universidade Cruzeiro do Sul (Unicsul) e do Centro Universitário Estácio de São Paulo (Estácio-SP).

Marcos Crivelaro é bacharel em Engenharia Civil pela EPUSP e pós-doutor em Engenharia de Materiais pelo Instituto de Pesquisas Energéticas e Nucleares de São Paulo (Ipen-USP). Na área de construção civil, foi diretor de engenharia e planejamento de obras residenciais e comerciais de grande porte. É professor da área de construção civil do Instituto Federal de Educação, Ciência e Tecnologia de São Paulo (IFSP) e da Faculdade de Tecnologia de São Paulo (Fatec-SP), bem como pesquisador no curso de mestrado do Centro Paula Souza.

APRESENTAÇÃO

O livro Materiais de Construção é de fundamental importância para estudantes e profissionais de mercado que desejam conhecer os materiais de construção que podem ser analisados durante a etapa de planejamento e utilizados posteriormente na obra.

No Capítulo 1 – *A Ciência e a Engenharia de Materiais no Setor de Construção Civil* -, apresentam-se os recursos materiais utilizados na Antiguidade e no início do século XXI. São abordados os metais, as cerâmicas, os polímeros, os compósitos, os semicondutores e os biomateriais.

O Capítulo 2 – *Propriedades Gerais dos Materiais de Construção Civil* - expõe os critérios para escolha de materiais na construção civil. Apresenta, também, classificações e ensaios na área. São abordadas as questões da normalização, das unidades de medida e da notação científica. O capítulo é concluído com as propriedades gerais dos materiais de construção civil.

O Capítulo 3 – *Argamassa armada* – explica a potencialidade do material no mercado da construção civil. Detalhamento sobre os materiais a serem utilizados e a tecnologia empregada. O capítulo é concluído com a apresentação dos ensaios técnicos.

No Capítulo 4 – *Concreto Armado* –, define-se a composição do concreto armado e é feito um estudo sobre seus componentes. Destaca-se a importância dos aditivos e sua tecnologia na melhoria da confecção de concretos. São apresentados os ensaios para recebimento do concreto em obras.

O Capítulo 5 – *Vidros* – apresenta os usos do vidro na construção civil e suas principais características. Aborda, também, a corrosão em vidros.

No Capítulo 6 – *Cerâmicas* –, expõem-se as características gerais das cerâmicas e suas aplicações na construção civil. É também apresentada a metodologia para a escolha de um material cerâmico para aplicação em uma determinada obra. Estudam-se também recebimento, armazenamento e limpeza de placas cerâmicas.

O Capítulo 7 – *Metais* – relaciona os tipos de aplicações dos metais e de suas ligas na construção civil, bem como os principais ensaios previstos nas normas técnicas.

No Capítulo 8 – *Tintas* – apresentam-se os diversos tipos de produtos, suas técnicas de aplicação e de ensaio.

O Capítulo 9 – *Polímeros* – descreve a tecnologia utilizada nos projetos e durante a execução de obras, as principais áreas de aplicação e suas vantagens.

SUMÁRIO

Capítulo 1 – A Ciência e a Engenharia de Materiais no Setor de Construção Civil ... 13
   1.1 Recursos materiais utilizados na Antiguidade ... 13
   1.2 Recursos materiais utilizados no início do século XXI ... 15
      1.2.1 Metais ... 16
      1.2.2 Cerâmicas ... 20
      1.2.3 Polímeros ... 23
      1.2.4 Compósitos ... 27
      1.2.5 Semicondutores ... 33
      1.2.6 Biomateriais ... 34
   Agora é com você! ... 36

Capítulo 2 – Propriedades Gerais dos Materiais de Construção Civil ... 37
   2.1 Critérios para escolha de materiais ... 37
   2.2 Classificações dos materiais de construção civil ... 38
   2.3 Ensaios em materiais de construção civil ... 39
   2.4 Normalização ... 41
   2.5 Unidades e notação científica ... 44
   2.6 Propriedades gerais dos materiais de construção civil ... 48
   Agora é com você! ... 50

Capítulo 3 – Argamassa Armada ... 51
   3.1 Potencial do material ... 51
   3.2 Materiais constituintes ... 53
      3.2.1 Malha de aço ... 54
      3.2.2 Argamassa ... 55
   3.3 Técnicas de execução ... 56
   Agora é com você! ... 58

Capítulo 4 – Concreto Armado ... 59
   4.1 Composição do concreto armado ... 59
   4.2 Rochas ... 61
      4.2.1 Rochas ornamentais ... 65
      4.2.2 Agregados para concreto ... 70
   4.3 Cimento ... 74
      4.3.1 Aplicações dos cimentos ... 76
      4.3.2 Ensaios de recepção do cimento ... 78
   4.4 Aços para concreto armado ... 81
      4.4.1 Nomenclatura dos aços para concreto armado ... 82
      4.4.2 Tensões nos aços para concreto armado ... 82
   4.5 Ensaios para o recebimento do concreto na obra ... 84

4.6 Aditivos para concreto 87
    4.6.1 Tipos de aditivos 89
4.7 Dosagem 91
4.8 Preparo, lançamento e cura do concreto 93
    4.8.1 Preparo 93
    4.8.2 Transporte 95
    4.8.3 Tipos de bomba 95
    4.8.4 Lançamento 95
    4.8.5 Cura do concreto 96
4.9 Ensaios não destrutivos 96
    4.9.1 Ensaio de esclerometria (Martelo de Schmidt) 97
    4.9.2 Resistência à penetração (Penetrômetro Windsor) 97
    4.9.3 Medição da maturidade 97
    4.9.4 Ultrassom 98
    4.9.5 Resistividade elétrica superficial 98
    4.9.6 Ensaio de potencial de corrosão 98
4.10 Ensaios destrutivos 99
    4.10.1 Resistência à compressão 99
    4.10.2 Resistência à tração 99
4.11 Controle tecnológico do concreto 99
Agora é com você! 100

Capítulo 5 – Vidros 101
5.1 Introdução aos vidros 101
5.2 Uso do vidro na construção civil 104
5.3 Características dos vidros 107
5.4 Corrosão em vidros 112
5.5 Vidro inteligente (*Smart Glass*) 113
    5.5.1 Onde o vidro inteligente é utilizado? 114
    5.5.2 Tipos de vidro inteligente 115
Agora é com você! 118

Capítulo 6 – Cerâmicas 119
6.1 Histórico 119
6.2 Características das cerâmicas 123
6.3 A indústria cerâmica no Brasil 126
6.4 Tijolos cerâmicos 129
6.5 Telhas cerâmicas 129
6.6 Azulejos cerâmicos 130
6.7 Ladrilhos, pastilhas e litocerâmicas 132
6.8 Placas cerâmicas para revestimento 133
    6.8.1 Como escolher a placa cerâmica para revestimentos 136
    6.8.2 Resistência do esmalte a abrasão (PEI) 136
    6.8.3 Recebimento, armazenamento e limpeza de placas cerâmicas 137
Agora é com você! 138

Capítulo 7 – Metais ... 139
7.1 Metais nas edificações ... 139
- 7.1.1 Portões, cercas e tapumes ... 139
- 7.1.2 Gruas e cimbramentos ... 143
- 7.1.3 Estruturas de concreto armado ... 144
- 7.1.4 Estrutura de aço ... 145
- 7.1.5 *Steel frame* ... 147
- 7.1.6 Telhado com treliça e telhas metálicas ... 147

7.2 Ensaios em elementos metálicos ... 148
Agora é com você! ... 150

Capítulo 8 – Tintas ... 151
8.1 Definições ... 152
- 8.1.1 Composição das tintas ... 153

8.2 Tintas, vernizes, lacas e esmaltes ... 155
- 8.2.1 Sistema de pintura ... 155
- 8.2.2 Tipos de tinta ... 156

8.3 Métodos de aplicação ... 159
- 8.3.1 Meios e métodos de aplicação ... 159

8.4 Ferramentas para pintura ... 160
- 8.4.1 Pincéis ... 160
- 8.4.2 Trincha ... 161
- 8.4.3 Rolo ... 161
- 8.4.4 Espátulas de aço ... 162
- 8.4.5 Desempenadeira ... 163
- 8.4.6 Lixas ... 163
- 8.4.7 Escovas de aço ... 163
- 8.4.8 Pistola ou revolver de pintura ... 164

Agora é com você! ... 164

Capítulo 9 – Polímero na Construção Civil ... 165
9.1 Definições e normas técnicas ... 166
9.2 Tipos de polímeros e suas utilizações ... 167
- 9.2.1 Resina epoxídica – Termofixo ... 167
- 9.2.2 Poliésteres – Termoplástico ou Termorrígido ... 167
- 9.2.3 Polímeros termorrígidos, termofixos ou termoendurecível ... 168

9.3 Propriedades mecânicas dos polímeros ... 169
- 9.3.1 Módulo elástico (Módulo de Young) ... 169

9.4 Forças e ensaios mecânicos ... 169
- 9.4.1 Tração ... 170
- 9.4.2 Compressão ... 170
- 9.4.3 Flexão ... 170
- 9.4.4 Cisalhamento ... 170
- 9.4.5 Torção ... 171

Agora é com você! ... 172

Bibliografia ... 173

1

A CIÊNCIA E A ENGENHARIA DE MATERIAIS NO SETOR DE CONSTRUÇÃO CIVIL

PARA COMEÇAR

Este capítulo tem por objetivo definir os conceitos básicos pertinentes à Ciência e à Engenharia dos materiais no setor de construção civil.

1.1 Recursos materiais utilizados na Antiguidade

Você já deve ter ouvido falar dos homens das cavernas. Eles moravam em montanhas onde as rochas eram escavadas com ferramentas rudimentares da época ou criadas pela erosão causada por enchentes e pela força dos ventos. Mas o que eles tinham para escavar? Provavelmente, ossos de animais, conchas, pedaços de madeira e outras rochas mais duras que a rocha que estavam escavando. Aliás, estudos indicam que a rocha e a madeira eram os recursos materiais mais utilizados por eles. Os materiais de fácil uso e manipulação adotados pelo ser humano desde a Antiguidade apresentaram sempre propriedades úteis para a construção de algo, como ferramentas de caça (pedras lascadas de quartzo), artefatos ligados à confecção de artesanato, imagens religiosas e armas de guerra.

O monumento de Stonehenge (construído de aproximadamente 3.100 a 2.500 a.C.) é um importante exemplo de construção antiga utilizando apenas rochas, que até os dias atuais, no início do século XXI, intriga estudiosos e cientistas. É um dos principais monumentos arquitetônicos do período Neolítico, a fase final da Pré-História, quando os grupos humanos passaram a se sedentarizar e a praticar a agricultura, criando uma série de ferramentas com novos materiais e novas técnicas. O monumento localiza-se no condado de Wiltshire, na Inglaterra, e atrai multidões, principalmente em duas épocas do ano: os solstícios de verão e de inverno. Por quê? Porque é um local de observação astronômica, em que as pedras parecem ter sido dispostas de acordo com a posição do Sol nessas duas épocas do ano.

FIQUE DE OLHO!

Idade da Pedra - início há mais de 2 milhões de anos, no Continente Africano.

É subdividida em quatro períodos: **Eolítico** (surgimento do *Homo erectus* e utilização de armas de pedra bruta), **Paleolítico** (Idade da Pedra Lascada), **Mesolítico** (descoberta do fogo) e **Neolítico** (Idade da Pedra Polida). Neste último, o homem abandonou a prática nômade e começou a habitar cavernas; praticou, com ferramentas rudimentares, a agricultura em terras férteis. Ainda sem comunicação verbal, ele fazia pinturas rupestres na tentativa de se comunicar. A escrita e o avanço das formas de comunicação humana começariam no fim da Idade da Pedra e no início do florescimento das primeiras civilizações do Egito e da Grécia.

Figura 1.1 - Ferramentas rudimentares em pedra lascada.

Outros exemplos da utilização de rochas em benefício humano são as muralhas de pedra (por exemplo, a Grande Muralha da China), os aquedutos em arcos de pedra (aquedutos romanos, como na cidade de Ávila, na Espanha) e as fortificações de defesa construídas com blocos de pedra (como a Torre de Belém, na cidade de Lisboa, em Portugal).

A Figura 1.2 apresenta o monumento de Stonehenge (a) e um trecho da Muralha da China, próximo a Pequim (b). A Figura 1.3 (a) mostra um aqueduto romano com extensão de cerca de oito quilômetros, em Elvas, Portugal, classificado pela UNESCO (sigla em inglês para Organização das Nações Unidas para a Educação, Ciência e Cultura) como patrimônio mundial desde 2012. Na Figura 1.3 (b), vê-se a Torre de Belém, na margem direita do Rio Tejo, protegendo a cidade de Lisboa.

(a)

(b)

Figura 1.2 - Stonehenge (a) e Muralha da China (b).

(a) (b)

Figura 1.3 - Aqueduto de Elvas (a) e Torre de Belém (b).

Por volta de 3.000 a.C., logo após a Idade da Pedra, veio a Idade dos Metais, primeiro com a utilização do cobre e do estanho e, depois, do bronze (cobre + estanho). O homem pré-histórico (*Homo sapiens*) adquiriu conhecimentos para o desenvolvimento de técnicas para derreter e moldar o cobre usando moldes de pedra ou argila. O bronze, metal mais resistente do que o cobre, era utilizado para confeccionar armamentos de guerra (capacetes, espadas, lanças, martelos e facas).

Esses metais foram fundamentais, também, para o desenvolvimento do cultivo agrícola e para o incremento das técnicas de caça. Mas o ferro, de uso tão comum no nosso dia a dia, não existia nessa época? Não! Surgiu apenas em 1.500 a.C., por conta da complexidade das técnicas usadas para sua fundição.

Materiais como rochas e metais rudimentares foram fundamentais para a evolução da raça humana e para a melhoria da qualidade de vida das comunidades de nossos ancestrais. Em nossa realidade atual, a evolução da tecnologia dos materiais caminha a passos mais largos.

1.2 Recursos materiais utilizados no início do século XXI

Hoje em dia, quando materiais são pesquisados e testados, é necessário utilizar os conhecimentos adquiridos com as Ciências e aplicá-los na prática, com a Engenharia. Explicando melhor:

- A Ciência utiliza-se de conhecimentos teóricos das disciplinas científicas tradicionais, como Física, Química e Matemática.
- A Engenharia pesquisa a composição dos materiais, planeja equipamentos e desenvolve processos de utilização dos materiais e prestação de serviços.

Com base nesses dois conceitos, é possível classificar três níveis de estudo, de acordo com o uso da informação:

1. Ciência dos Materiais (estrutura molecular → 10^{-7} a 10^{-3} mm): pesquisa de novos materiais, por exemplo, silicatos de cálcio hidratado.
2. Ciência e Engenharia dos Materiais (fases e grãos → 10^{-3} a 1 mm): determinação de parâmetros, por exemplo, para pasta de cimento.
3. Engenharia dos Materiais (todo material → acima de 1 mm): ensaios, por exemplo, de concreto.

A escolha de determinado material para um caso específico depende de fatores ligados ao conhecimento técnico-científico e da vivência acumulada da equipe, mas também de critérios ambientais (consumo de energia, poluição, entre outros). Atualmente, defende-se muito o uso equilibrado dos recursos naturais, porque são finitos. Vamos definir alguns conceitos muito utilizados:

- **Recurso natural:** qualquer insumo necessário para a manutenção de ecossistemas.
- **Recurso renovável:** pode ser consumido moderadamente, respeitando-se o ciclo natural de renovação do ecossistema. Exemplos: ar, água, madeira etc.
- **Recurso não renovável:** recurso que, uma vez utilizado, não se renova por meio natural. Este tipo pode ser classificado em minerais energéticos (petróleo, carvão mineral e minerais radioativos utilizados na geração de energia elétrica) e não energéticos (calcário, ferro, cobre etc.).

Existem diversas maneiras de classificar materiais, mas, sem dúvida, a mais conhecida é a que os classifica em metais, cerâmicas, polímeros, compósitos, semicondutores e biomateriais. A Figura 1.4 apresenta o diagrama dessa classificação.

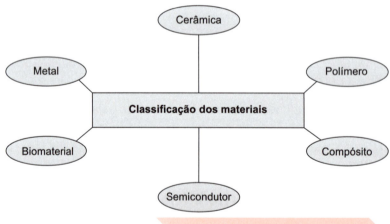

Figura 1.4 - Classificação dos materiais.

1.2.1 Metais

Os metais são compostos de combinações de elementos metálicos que possuem grande quantidade de elétrons livres, não ligados a qualquer átomo em particular, constituindo a "nuvem" eletrônica. Genericamente, apresentam-se em estado sólido à temperatura ambiente (com exceção do mercúrio). Algumas de suas propriedades são: boa condução de eletricidade e calor, brilho característico, opacidade, alta resistência e deformabilidade (ductilidade e maleabilidade).

FIQUE DE OLHO!

Qual a diferença entre ductilidade e maleabilidade?

Ductilidade: permite que o material seja esticado em arames finos (Figura 1.5).

Maleabilidade: possibilita sua redução a lâminas delgadas (Figura 1.6).

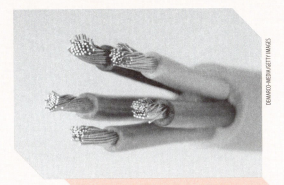

Figura 1.5 - Material metálico esticado (fio de cobre).

Figura 1.6 - Material metálico laminado delgado (folha de alumínio).

Na construção civil, os principais produtos metálicos são as barras, as chapas, as cordoalhas, os arames, os perfis estruturais e os tubos de aço. O alumínio está presente em perfis, placas, esquadrias e luminárias; o cobre é utilizado em tubulações de água quente e cabos elétricos; e o bronze, em artefatos decorativos. A Figura 1.7 apresenta barras (a) e cordoalhas de aço (b) para utilização em concreto armado.

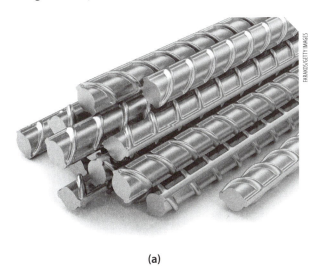

(a)

(b)

Figura 1.7 - Barras de aço (a) e cordoalhas de aço (b).

A Figura 1.8 apresenta perfis de aço (a) e tubos de aço (b) utilizados em obras de edifícios.

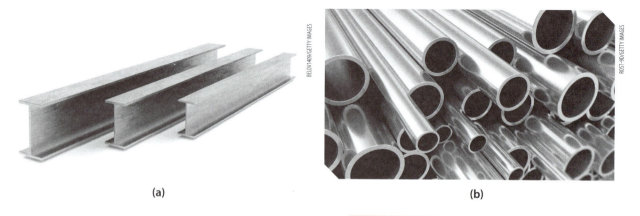

(a)　　　　　　　　　　　　　　　　　　(b)

Figura 1.8 - Perfis de aço (a) e tubos de aço (b).

A Figura 1.9 apresenta duas utilizações do alumínio em obras: esquadrias de alumínio (a) e luminárias em alumínio (b).

(a)　　　　　　　　　　　　　　　　　　(b)

Figura 1.9 - Esquadrias de alumínio (a) e luminária de alumínio (b).

A Figura 1.10 apresenta tubos de cobre (a) e cabos elétricos feitos de cobre (b).

(a)　　　　　　　　　　　　　　　　　　(b)

Figura 1.10 - Tubos de cobre (a) e cabos elétricos de cobre (b).

A Figura 1.11 apresenta uma placa em cobre (a) e dobradiças em bronze (b).

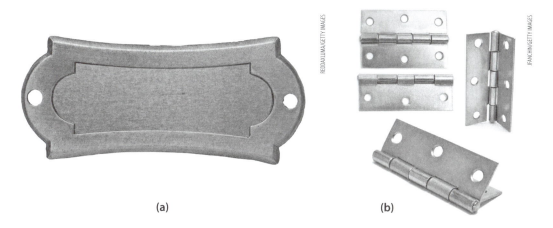

Figura 1.11 - Placa em cobre (a) e dobradiças em bronze (b).

A escolha de materiais como o alumínio, o cobre e o bronze pode ser feita por critérios estéticos, por suas respectivas colorações e texturas diferenciadas. Mas a resistência que esses materiais possuem contra a corrosão também é um quesito importantíssimo.

A preocupação com a ferrugem de materiais metálicos na construção civil é grande. Infelizmente, a maioria dos metais tende a oxidar quando exposta ao ar atmosférico, especialmente em ambientes úmidos. O que fazer para evitar a corrosão de metais? A Figura 1.12 mostra um feixe de barras de aço em processo de corrosão (a) e uma chapa metálica deteriorada por corrosão causada por maresia (b).

Figura 1.12 - Barras de aço para concreto armado em processo de corrosão (a) e chapa metálica deteriorada por conta da maresia (b).

No caso da corrosão de barras de aço que serão utilizadas em estruturas de concreto armado, é importante verificar se não diminuiu o diâmetro das barras, de maneira a comprometer a sua resistência estrutural.

A aplicação de pinturas protetoras e a formação de ligas com outros elementos são as principais técnicas anticorrosivas.

1.2.2 Cerâmicas

A cerâmica (do grego *kéramos*, que significa "argila queimada") também participou da evolução humana desde a Antiguidade, sendo o material artificial mais antigo produzido pelo homem. Em escavações de fundações de obras, muitas vezes são encontrados sítios arqueológicos em que se podem ver utensílios de cerâmica, como pratos, potes, jarras e garrafas. Os povos refletiam nas formas e nas cores o ambiente e a cultura em que viviam.

A produção cerâmica dava importância fundamental à estética, e os motivos artísticos eram geralmente o dia a dia das comunidades: a caça, os animais e a luta, por exemplo. Novamente, destaca-se a importância da tecnologia, pois apenas uma roda de madeira movida por um pedal (criada em 2.000 a.C.) foi o aparelho que permitiu fazer vasos perfeitos, de superfície lisa e espessura uniforme.

A Figura 1.13 (a) apresenta dois vasos cerâmicos antigos fabricados na Grécia. Repare que as ilustrações remetem ao transporte feito por animais. Já a Figura 1.13 (b) mostra como uma ferramenta simples (uma roda de madeira que gira por meio do acionamento de um pedal) permite a fabricação de uma peça cilíndrica no formato de um vaso, com maior rapidez e simetria nas medidas.

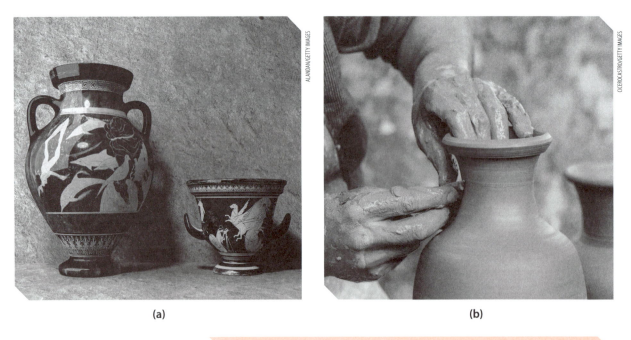

Figura 1.13 - Vasos gregos antigos (a) e artesão criando um vaso de cerâmica (b).

A cerâmica é formada por uma grande variedade de espécies químicas (metálicas e não metálicas), com propriedades características, como resistência mecânica à compressão, que variam de pequenos valores até patamares maiores que os dos metais. Na solicitação de tração, apresenta fragilidade e sofre ruptura. Outras propriedades importantes derivadas de suas ligações químicas fortes são a estabilidade a altas temperaturas, o isolamento elétrico e a resistência ao ataque químico.

> **FIQUE DE OLHO!**
>
> O que são sítios arqueológicos? São locais que surgem principalmente em escavações, nos quais são detectadas evidências de atividades do passado histórico de ancestrais humanos.
>
> Artefatos, construções habitacionais ou esqueletos humanos são os itens que despertam a atenção dos arqueólogos.
>
> Na Figura 1.14, uma arqueóloga remove algumas peças cerâmicas do solo recém-escavado.
>
>
>
> **Figura 1.14 -** Mulher observa artefatos antigos em solo escavado.

A indústria cerâmica, na construção civil, pode ser subdividida em setores que possuem características distintas:

- **Cerâmica vermelha:** apresenta materiais com coloração avermelhada, utilizados na confecção de tijolos, blocos, telhas, elementos vazados, lajes pré-moldadas, tubos cerâmicos e argilas expandidas. A Figura 1.15 (a) mostra tijolos cerâmicos, também conhecidos como "tijolinhos de barro", e a Figura 1.15 (b) apresenta a colocação de telhas cerâmicas.

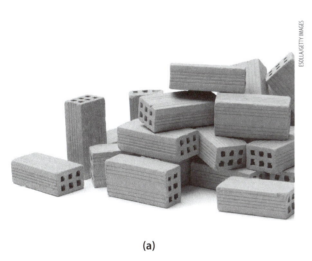

(a)

(b)

Figura 1.15 - Tijolos de barro (a) e telhas cerâmicas (b).

- **Cerâmica branca:** materiais constituídos por um corpo branco e, em geral, recobertos por uma camada vítrea transparente e incolor, utilizados em louça sanitária, isoladores elétricos e cerâmica técnica para fins diversos. A Figura 1.16 apresenta uma pia de cerâmica branca (a) e um vaso sanitário de cerâmica branca com caixa acoplada (b).

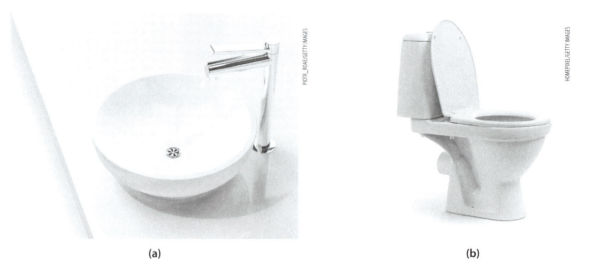

Figura 1.16 - (a) Pia de cerâmica branca (a) e vaso sanitário de cerâmica branca (b).

▶ **Revestimentos cerâmicos:** placas cerâmicas são constituídas de três camadas: o suporte, o engobe (com função impermeabilizante) e o esmalte (camada vítrea). A Figura 1.17 apresenta um revestimento cerâmico do tipo pastilha (a) e um azulejo (b) (ambos destinados a paredes). A origem do nome *azulejo* vem do árabe *azuleicha*, que significa *pedra polida*, e a arte do azulejo foi largamente difundida pelos islâmicos. Na construção civil, a tecnologia de pisos e azulejos cerâmicos evoluiu muito em formatos, tamanhos, níveis de resistência mecânica e qualidade.

Figura 1.17 - Pastilhas cerâmicas (a) e azulejo (b).

1.2.3 Polímeros

Os materiais que conhecemos popularmente como "plásticos" são, na verdade, polímeros. Uma das propriedades dos polímeros é a plasticidade, daí seu nome popular. Polímeros são macromoléculas constituídas por um grande número de moléculas pequenas que se repetem na sua estrutura, denominadas monômeros. As reações pelas quais essas moléculas se combinam são chamadas de polimerizações.

Polímeros naturais, como a borracha natural, dominaram o mercado consumidor até meados de 1900. Posteriormente, os polímeros sintéticos foram sendo descobertos e ganharam o seu espaço, por exemplo, o policloreto de vinila (PVC), em 1936, e o polietileno (PE), em 1942.

A importância dos polímeros cresceu por sua qualidade como materiais e por suas inúmeras aplicações em revestimentos, acabamentos e acessórios em várias etapas da obra. Os polímeros estão presentes em tintas e colas e são adotados em corrimãos, puxadores, fechos, caixilharias e acessórios de iluminação e de instalações hidráulicas. No entanto, a criatividade de ampliar cada vez mais o uso desses materiais deve respeitar seus limites técnicos.

A Figura 1.18 apresenta uma diversidade de cores que pode ser obtida com o uso de polímeros.

Figura 1.18 - Resinas poliméricas e mostruário de placas de polímero.

Os polímeros possuem as seguintes propriedades:

- facilidade de moldar um formato desejado;
- baixo custo de produção;
- resistência ao desgaste;
- peso reduzido;
- excelente isolamento térmico, elétrico e acústico;
- possibilidade de reciclagem.

A Figura 1.19 apresenta a importância dos polímeros na fabricação de produtos destinados à proteção, como o imprescindível capacete de segurança e a capa de proteção de cabos elétricos.

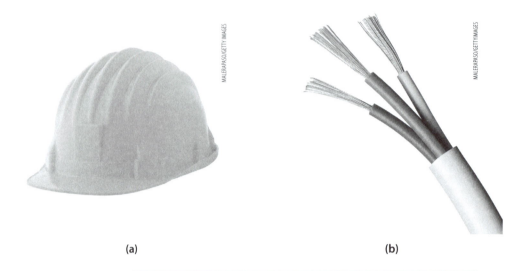

(a)   (b)

Figura 1.19 - Capacete (a) e capa de proteção (b) de cabos elétricos.

Classificar polímeros não é uma tarefa fácil. Uma classificação normalmente aceita é a seguinte: termoplásticos, termofixos e elastômeros.

Os termoplásticos, quando sujeitos a temperaturas superiores ao respectivo ponto de amolecimento, podem moldar-se plasticamente, voltando ao estado sólido quando resfriados. São teoricamente recuperáveis indefinidamente, já que se pode repetir o processo quantas vezes forem necessárias; contudo, o envelhecimento do termoplástico afeta sua estabilidade, impondo um limite a repetidas transformações.

Os termofixos não são recicláveis e não amolecem quando aquecidos. Isso ocorre porque possuem fortes ligações covalentes entre as cadeias adjacentes.

Os elastômeros são materiais plásticos mais resistentes, com um comportamento elástico rápido. Retirada a carga, o material volta à forma inicial.

A Figura 1.20 apresenta um quadro-resumo de utilização, definição e classificação dos polímeros.

A utilização de polímeros na construção civil aumenta a cada dia. Alguns exemplos são apresentados a seguir:

- **Acabamento interior de paredes:** os materiais de revestimento à base de polímeros possuem qualidades decorativas, variedade de tonalidades e desenhos, brilho das cores e propriedades higiênicas. Esses materiais podem ser comprados em rolos, folhas ou placas. Os polímeros utilizados são poliestireno (PS) e policloreto de vinila (PVC).
- **Revestimento de pavimentos:** são também utilizados como pisos, porque resistem bem ao desgaste, são suficientemente duros e resistentes, têm baixa condutibilidade térmica, são hidrófugos e não expandem com a umidade. Os polímeros mais utilizados para esta aplicação são o policloreto de vinila (PVC) e o acetato de vinila (EVA). Esses materiais podem ser comprados em rolos (telas), placas ou na forma de materiais para a construção de pavimentos sem juntas.

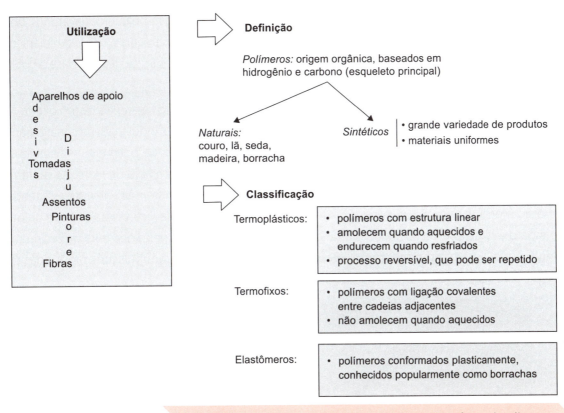

Figura 1.20 - Quadro-resumo de utilização, definição e classificação de polímeros.

> **FIQUE DE OLHO!**
>
> As misturas polímero-cimento para o revestimento de pavimentos são obtidas a partir da emulsão de acetato de polivinila ou látex, cimento, areia e pigmentos minerais. Essas composições aderem muito bem à base e têm alta resistência mecânica.

A Figura 1.21 apresenta placas de acabamento interior de parede feita em polímero.

Figura 1.21 - Placas de acabamento interior de parede feita em polímero.

A CIÊNCIA E A ENGENHARIA DE MATERIAIS NO SETOR DE CONSTRUÇÃO CIVIL

- **Artigos sanitários:** fabrica-se grande variedade de artigos sanitários com polímeros (lavatórios, boxes para banheiros, grelhas etc.), por conta de suas vantagens: são leves, atraentes, sólidos, higiênicos e anticorrosivos e não necessitam ser sistematicamente pintados. Geralmente, são feitos à base de poliestireno, mas também podem ser de polimetacrilato de metila.
- **Tubulações:** ultimamente, os tubos em polímero têm substituído outros materiais, como o ferro fundido, o latão, o chumbo, o cobre e o grés, na montagem de condutores industriais, na canalização de águas e esgotos, em condutas de petróleo e em sistemas de irrigação. Os polímeros mais utilizados são o policloreto de vinila, o polietileno e os poliésteres reforçados com fibra de vidro. As vantagens de utilização do polímero, em comparação ao ferro fundido e ao cobre, são: elevada resistência à corrosão eletroquímica, baixa condutibilidade elétrica, flexibilidade, leveza e estabilidade química. Quando a avaliação é de custo, o volume de recursos financeiros dispendidos para os polímeros é inferior àquele gasto em tubulações metálicas. A Figura 1.22 apresenta tubulações produzidas com polímero de cor branca.

Figura 1.22 - Tubulação fabricada com polímero.

A Figura 1.23 traz um quadro-resumo da classificação dos polímeros e seus principais produtos.

- **Colas e mastiques:** o aparecimento de materiais poliméricos no domínio da construção fez com que se desenvolvessem processos de ligação de elementos utilizando colas. Os polímeros utilizados pertencem ao grupo dos termofixos e apresentam-se, geralmente, sob a forma de dois constituintes, designados por *base* e *endurecedor*, que se misturam na fase da aplicação. As colas à base de polímeros empregam-se nas ligações dos mais variados materiais de construção. A escolha da cola a se utilizar deve levar em conta os tipos de materiais a se unirem. Assim, as colas fenólicas são boas para ligar plásticos e madeiras; as colas de poliéster são utilizadas na ligação de plásticos reforçados; as colas epóxi são utilizadas para unir concreto, alumínio e aço; e as colas de poliuretano são usadas para colar madeiras.

Termoplásticos	Termofixos	Elastômeros

• Poliacetato de vinila (PVA)
  - tintas
	• Epóxi
	  - adesivos
		• Butila
		  - impermeabilizantes

• Policloreto de vinila (PVC)
  - tubulações hidrossanitárias
	• Poliéster
	  - piscinas de *fiberglass*
		• Estireno
		  - borrachas de reparo

• Poliestireno (PS)
  - revestimento de paredes e pisos
	• Resina fenólica
	  - acessórios elétricos
		• Neoprene
		  - aparelho de apoio em viadutos e pontes

• Polietileno (PE)
  - lona plástica
		• Nitrila
		  - borrachas de vedações

 Dependendo de suas propriedades, um determinado polímero pode ser usado em diversos tipos de aplicações

Pinturas impermeáveis
- alquídicas
- base acrílica
- butílicas
- epóxi
- poliéster
- poliestireno
- poliuretano
- PVA

Figura 1.23 - Quadro-resumo da classificação de polímeros e seus principais produtos.

Os mastiques mais utilizados são feitos à base de polisobutileno ou silicone. Aplicam-se na vedação de juntas de dilatação, como entre painéis pré-fabricados. Podem ser aplicados com pistola ou com ar comprimido.

1.2.4 Compósitos

Materiais compósitos podem ser entendidos como uma novidade na construção civil. Sua aplicação vai desde o uso em simples artigos utilizados no dia a dia até aplicações nas indústrias de ponta. Todavia, antigas civilizações já fabricavam um compósito chamado adobe (tijolo de grandes dimensões, feito de palha e barro/argila). A Figura 1.24 apresenta a fabricação de tijolos tipo adobe (a) e a secagem desses tijolos ao sol (b).

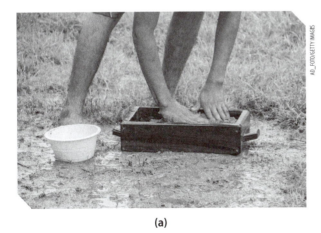
(a)

(b)

Figura 1.24 - Tijolos tipo adobe sendo fabricados (a) e secando ao sol (b).

Um exemplo atual de compósito é o concreto armado. O compósito deve possuir pelo menos dois componentes, com propriedades distintas, que, quando misturados, formam um novo composto com propriedades impossíveis de se obter com apenas um deles.

Este tipo de material sempre esteve associado a aplicações de isolamento térmico e acústico, a tubulações e a vedações. A inovação do uso de compósitos reside na pesquisa e no desenvolvimento de materiais que podem exercer funções estruturais em pontes, prédios, torres e estradas. A Figura 1.25 apresenta peças de isolantes térmicos no formato de tubos.

Figura 1.25 - Isolamento térmico para tubulações.

As combinações podem ser de metais e polímeros, metais e cerâmicas ou polímeros e cerâmicas. Os materiais que podem compor um compósito são classificados em dois tipos: matriz e reforço. O material matriz é o que confere estrutura ao compósito, preenchendo os espaços vazios que ficam entre os materiais reforços. As matrizes têm como função principal transferir as solicitações mecânicas às fibras e protegê-las do ambiente externo. Podem ser resinosas (poliéster, epóxi etc.), minerais (carbono) ou metálicas (ligas de alumínio). Os materiais reforços são aqueles que realçam as propriedades do compósito como um todo.

O interesse em materiais compostos está ligado a dois fatores: econômico e performance. O fator econômico vem do fato de o material composto ser muito mais leve (a redução na massa total do produto pode chegar a 30% ou mais). O fator performance está ligado à procura por um melhor desempenho de componentes estruturais, sobretudo no que diz respeito às características mecânicas (resistência a rupturas e a ambientes agressivos etc.).

A escolha de um tipo de fibra e uma matriz depende fundamentalmente da aplicação que terá o material composto. O custo, em muitos casos, pode também ser um fator de escolha a favor de um ou outro componente. Os tipos mais comuns de fibras são: de vidro, de aramida (*kevlar*), de carbono e de boro. As fibras podem ser definidas como: unidirecionais, quando orientadas a uma mesma direção; bidimensionais, quando orientadas a duas direções ortogonais (tecidos); ou orientadas aleatoriamente.

A fibra é o elemento constituinte que confere ao material composto suas características mecânicas: rigidez, resistência à ruptura etc. Deve ser observada, também, a compatibilidade entre as fibras e as matrizes. A Figura 1.26 apresenta a fibra de vidro em detalhes (a) e sua utilização em sistemas de isolamento térmico (b).

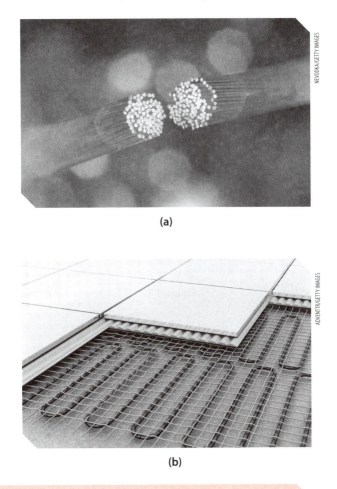

Figura 1.26 - Fibra de vidro (a) e sistema de isolamento térmico (b).

A natureza dos reforços e o modo como se distribuem na matriz permitem classificá-los de várias formas. Os reforços podem ter forma de partículas ou de fibras curtas ou muito curtas. Quando sob a forma de partículas ou de fibras curtas, em geral, têm distribuição aleatória no seio da matriz, sem obedecer a uma ordem predeterminada.

As fibras curtas, de alguns centímetros, são injetadas no momento da moldagem da peça, enquanto as longas são cortadas após a fabricação da peça. No caso de fibras mais longas ou contínuas, a distribuição do reforço é feita pelo empilhamento sucessivo de camadas ou lâminas, alternando camadas da matriz com camadas de reforço. Nessa forma, os compósitos são conhecidos por laminados ou estratificados e é assim que conhecem as principais aplicações estruturais.

O compósito é, portanto, um arranjo de fibras, contínuas ou não, de um material resistente (reforço) impregnado em uma matriz de resistência mecânica inferior à das fibras. A Figura 1.27 apresenta um quadro-resumo da definição e das características dos compósitos.

Compósitos

Definição

- Materiais heterogêneos, multifásicos, formados por uma fase contínua e outra descontínua
- Matriz (contínua) + carga (descontínua)
- Matrizes poliméricas podem ser resinas de poliéster e epóxidas, fenólicas, acrílicas
- Cargas podem ser:
  - de enchimento - argila, carbonatos
  - de reforço - fibras de vidro, vegetais (juta)
  - funcionais - fibras de carbono e metálicas

Características

- Resistência química e a intempéries
- Resistência à corrosão
- Flexibilidade de formatos
- Durabilidade
- Melhor resistência mecânica
- Diminuição de peso
- Facilidade de manutenção
- Melhores respostas à fadiga sob cargas cíclicas

Figura 1.27 - Definição e características dos compósitos.

Empreendedores vêm reconhecendo as vantagens que podem ser obtidas com materiais alternativos, inclusive os reciclados. Os compósitos têm vantagens em relação aos materiais tradicionais em quesitos como resistência à corrosão, durabilidade, leveza e facilidade de instalação.

Atualmente, existe uma tendência mundial pela sustentabilidade ambiental e eficiência energética. Países desenvolvidos estão utilizando compósitos para as mais diversas aplicações.

A utilização de novas tecnologias, com o uso de materiais alternativos ecologicamente corretos, é uma inovação para a indústria da construção civil, não só pelas suas excelentes propriedades, mas também pelo barateamento na construção. Novos tipos de materiais compósitos são feitos à base de isopor (poliestireno) e gesso. A inovação reside na busca por atingir baixa condutividade térmica e elevada compressão, para a construção de casas populares de baixo custo. Esses novos materiais têm a finalidade de substituir os tijolos tradicionais de cerâmica, convencionalmente utilizados.

A Figura 1.28 apresenta as matrizes e as fibras (reforços) que incorporam os polímeros termofixos. A Figura 1.29 apresenta uma superfície de concreto fabricado com fibras poliméricas. Uma das vantagens que a fibra propicia é a melhoria da resistência ao desgaste.

Há ainda os nanocompósitos, uma nova classe de materiais poliméricos que apresentam propriedades muito superiores às dos compósitos e contêm quantidades relativamente pequenas de nanopartículas (menos de 5%). Os nanocompósitos são obtidos pela incorporação de cargas de dimensões nanométricas (como argila, sílica, nanotubos de carbono etc.) na matriz polimérica.

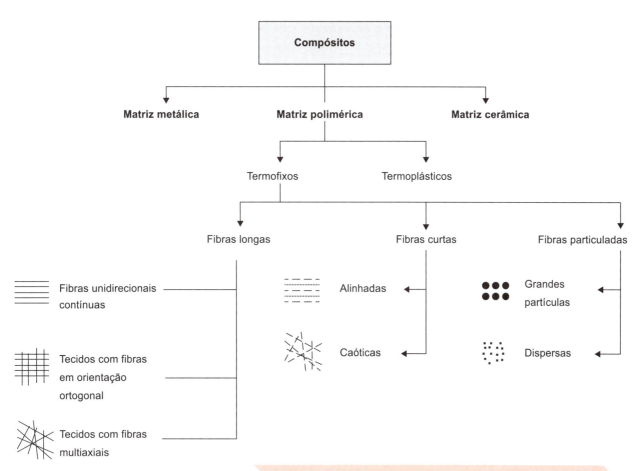

Figura 1.28 - Matrizes e fibras que incorporam os polímeros termofixos.

Figura 1.29 - Concreto fabricado com fibras poliméricas.

As argilas são matérias-primas naturais e abundantes, que podem ser utilizadas em diversos campos, como cerâmica, adsorção de poluentes e catálise. Em particular, as argilas esmectíticas têm atraído a atenção crescente da comunidade científica, dado que podem ser usadas como hospedeiras na preparação de nanocompósitos contendo argilas.

Os nanotubos de carbono têm forma análoga a um cilindro formado por uma folha de papel enrolada. O resultado é uma fibra de carbono em escala nanoscópica (10^{-9} m). As propriedades dos nanotubos de carbono são: alta resistência química, mecânica, à oxidação, à temperatura, à ruptura e à baixa densidade; flexibilidade e capacidade de transporte elétrico.

A Figura 1.30 apresenta a imagem de um nanotubo de carbono.

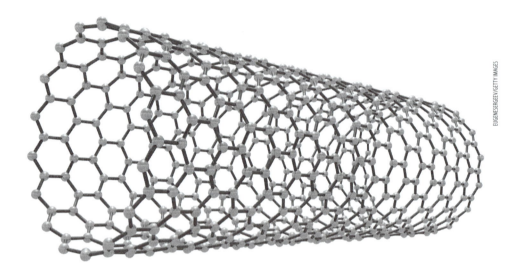

Figura 1.30 - Nanotubo de carbono.

O nanocompósito de cimento-nanotubo de carbono tem potencial para atuar como redutor de porosidade e reforço estrutural do cimento, com resistência até três vezes superior à dos materiais convencionais. A adição de nanotubos de carbono a uma das matérias-primas do concreto parece representar uma nova classe de concreto, pois altera a sua composição. Os nanotubos de carbono desempenham papel parecido com o dos cabos de aço, atuando como elementos de protensão do concreto em escala nanoscópica e proporcionando altíssima resistência, acima de 200 MPa. Um de seus usos mais indicados é em obras de infraestrutura e construções de grande porte. E, por causa da redução de sua porosidade, ele poderá ser testado também em construções submarinas, como plataformas e dutos de petróleo.

A Figura 1.31 apresenta uma imagem de microscopia eletrônica de varredura (MEV) da contribuição dos nanotubos de carbono na melhoria das propriedades do concreto.

Figura 1.31 - Nanotubos de carbono entrelaçados com as partículas de clínquer de cimento.

1.2.5 Semicondutores

Os materiais semicondutores são componentes essenciais de dispositivos eletrônicos modernos. Para que um material seja considerado semicondutor, ele precisa ter condutividade elétrica em uma substância que fica entre os componentes isoladores, os quais conduzem pouca eletricidade, além de elementos condutores, os quais permitam que a eletricidade flua de forma muito fácil.

Nos condutores, um aumento na temperatura ocasiona um aumento da resistência oferecida à passagem da corrente elétrica. Já nos semicondutores, acontece o contrário: um aumento da temperatura ocasiona uma redução da resistência oferecida à passagem da corrente elétrica por conta da maior repulsão causada em sua união.

Os semicondutores elétricos servem à geração de energia solar e se adaptam bem aos sensores que detectam a luz, porque podem produzir um fluxo de corrente elétrica quando devidamente energizados por fótons de luz.

A Figura 1.32 apresenta painéis solares para geração de energia elétrica. Na implantação de painéis deste tipo, é importante evitar áreas de sombra e buscar o posicionamento que ofereça a melhor eficiência.

Os semicondutores são, em muitos pontos, semelhantes aos materiais cerâmicos, podendo ser considerados uma subclasse da cerâmica. Seu emprego é importante na fabricação de componentes eletrônicos e de nanocircuitos usados em nanotecnologia. A maioria dos materiais semicondutores é formada por sólidos inorgânicos cristalinos. Alguns incluem o silício, o arseneto de gálio e o nitreto de gálio.

Figura 1.32 - Painéis solares para geração de energia elétrica.

O material semicondutor mais usado é o silício, o elemento 14 na Tabela Periódica e um dos mais comuns na crosta da Terra. O arseneto de gálio resiste melhor ao calor em relação ao silício, mas, por ser mais caro, é normalmente usado apenas para aplicações em que o silício é inadequado. Outro composto de gálio usado para os semicondutores é o nitreto de gálio (GaN), aproveitado em diodos emissores de luz (*light-emitting diodes* - LEDs) e diodos de laser de alta frequência. Os LEDs consistem, basicamente, em semicondutores que, ligados a uma fonte de energia elétrica, emitem luz quando os elétrons da corrente se recombinam com lacunas existentes na rede atômica do material, liberando energia na forma de fótons.

Além dessas matérias-primas, os semicondutores, muitas vezes, também contêm pequenas quantidades de outras substâncias, conhecidas como "dopantes", para alterar suas propriedades condutoras de acordo com sua função. A combinação de semicondutores com diferentes tipos de dopagens faz emergir propriedades elétricas não observáveis quando separados, muito úteis sobretudo no controle de correntes elétricas. Alguns dopantes comuns colocados no silício incluem boro, fósforo e arsênio.

1.2.6 Biomateriais

A utilização de materiais sintéticos para a substituição ou o aumento dos tecidos biológicos é importante nas áreas médica e odontológica. Por isso, são confeccionados diversos dispositivos a partir de metais, cerâmicas, polímeros e, mais recentemente, compósitos. Os biomateriais devem apresentar biocompatibilidade, biofuncionalidade e bioadesão, além de propriedades mecânicas como módulo de elasticidade e resistência à tração e à fadiga. A Figura 1.33 mostra a injeção de substância biocompatível para o preenchimento de rugas no rosto de um homem.

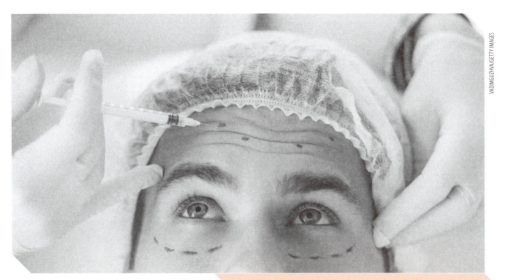

Figura 1.33 - Injeção de substância biocompatível.

Mais recentemente, os biomateriais passaram a contribuir com os campos de biocompósitos (novos materiais de base vegetal, por exemplo, bagaço de cana-de-açúcar, casca de coco e sisal) e biorrefinarias, um novo conceito em refinarias, baseado no uso de matérias-primas verdes e na transformação de resíduos agrícolas de milho, beterraba, gramíneas e restos de madeira em matérias-primas e combustíveis. Aqui, destacam-se a madeira plástica, cuja aplicação será feita na construção civil, como substituta da madeira *in natura*, e o polietileno "verde", derivado da cana-de-açúcar. A Figura 1.34 mostra uma plantação de cana-de-açúcar.

Figura 1.34 - Plantação de cana-de-açúcar.

FIQUE DE OLHO!

- Os plásticos comuns têm ponto de fusão entre 100 °C e 300 °C. Assim, para que possam competir com cerâmicas e metais nessa característica, os novos plásticos estudados devem ter ponto de fusão acima dos 800 °C.

- Os azulejos são placas de louça (pasta feita com o pó de argilas brancas) vidradas em uma das faces, e seu cozimento ocorre a 1.250 °C. O aspecto é obtido com areia finíssima, de grande fusibilidade, e calda de argila.

- Existem diversas maneiras de classificar materiais, mas, sem dúvida, a mais conhecida é a que os classifica em metais, cerâmicas, polímeros, compósitos, semicondutores e biomateriais.

VAMOS RECAPITULAR?

Neste capítulo, você aprendeu que a Ciência utiliza-se de conhecimentos teóricos das disciplinas científicas tradicionais, como Física, Química e Matemática. Viu também que a Engenharia pesquisa a composição dos materiais, planeja equipamentos e desenvolve processos de utilização dos materiais e prestação de serviços.

AGORA É COM VOCÊ!

1. Cite três exemplos de materiais dúcteis.
2. Qual é a principal diferença entre os polímeros termoplásticos e os termofixos?

2

PROPRIEDADES GERAIS DOS MATERIAIS DE CONSTRUÇÃO CIVIL

PARA COMEÇAR

Este capítulo apresenta os critérios para escolha, as classificações, os ensaios e as propriedades gerais dos materiais de construção civil. É apresentada a importância da normalização como forma de assegurar a qualidade do produto ao consumidor. Também são apresentados sistemas de unidades e a notação técnica na área da Engenharia.

2.1 Critérios para escolha de materiais

Nas diversas etapas de uma obra, utilizam-se vários tipos de materiais. A escolha de determinado tipo de material está relacionada às características de desempenho desejadas para ele. Essa escolha é feita com base em critérios e indicadores, em geral de segurança, isto é, de ordem técnica, de economia e de estética. É importante lembrar que o primeiro critério a ser utilizado deve ser sempre o de segurança.

- **Critério de segurança:** neste critério, os indicadores são a existência de formas padronizadas (dimensões), as propriedades físicas (mecânicas) e as químicas (durabilidade).
- **Critério de economia:** neste critério, os indicadores são a existência do material (sua oferta no local de sua utilização), o valor de aquisição (preço do produto de acordo com a qualidade e com a quantidade a ser adquirida), o custo da aplicação (custo da mão de obra especializada e dos equipamentos necessários) e o custo da logística (mão de obra envolvida para compra, transporte e armazenagem, local de armazenamento, tempo de validade do produto e meio a ser empregado para o seu transporte).
- **Critério de estética:** neste critério, os indicadores são subjetivos. São indicadores que utilizam os órgãos dos sentidos, como o tato (forma e textura dos materiais) e a visão (dimensões, cores e harmonia entre os diversos materiais empregados).

Todos os materiais que serão utilizados na obra devem ter certificados de qualidade e conformidade expedidos pelo Instituto Nacional de Metrologia, Qualidade e Tecnologia (Inmetro). Isso significa que atendem aos preceitos regulamentares das normas técnicas da Associação Brasileira de Normas Técnicas (ABNT).

2.2 Classificações dos materiais de construção civil

Você já deve ter ouvido falar em classificação de materiais. A classificação é uma separação dos materiais de acordo com determinadas características julgadas importantes.

No caso dos materiais de construção civil, podemos classificá-los conforme algumas de suas características, por exemplo:

a. Classificação quanto à origem ou à obtenção do material:

- **Naturais:** existem dispostos na natureza, como as madeiras, as areias e as pedras.
- **Artificiais:** são produzidos em processos industriais, como os aços, os tijolos e os plásticos.
- **Combinados:** são combinações de materiais naturais e artificiais, como concreto armado e alguns materiais compósitos.

b. Classificação quanto à função do material na construção civil:

- **Materiais com função estrutural:** têm características mecânicas elevadas para compor elementos estruturais. São exemplos o aço, o alumínio, a madeira e o concreto armado, na forma de elementos estruturais.
- **Materiais com função de vedação de ambientes:** não têm função resistente como os elementos estruturais, mas compõem painéis de vedação, como as paredes. São exemplos a argila, a madeira e o vidro, com baixa resistência estrutural.
- **Materiais com função de proteção para outros materiais:** são utilizados com a função de proteger outros materiais de agentes nocivos. São exemplos os impermeabilizantes como os betumes, as tintas e os vernizes.

c. Classificação quanto à composição do material:

- **Simples ou básicos:** são utilizados sem composição com outros materiais. São exemplos os blocos cerâmicos, as telhas e as placas de vidro.
- **Compostos ou produzidos:** são utilizados por meio da combinação com outros materiais. São exemplos as argamassas, o concreto armado e as ligas de metais.

d. Classificação quanto à estrutura interna do material:

- Material agregado complexo (concreto).
- Estrutura cristalina (metais).
- Estrutura fibrosa (amianto).
- Material fibroso com estrutura complexa (madeira).

- Estrutura lamelar (argila).
- Estrutura vítrea (vidro).

e. Classificação quanto à composição química do material:

- **Materiais orgânicos:**

    Betuminosos: naturais (asfaltos) ou artificiais (alcatrões).

    Lenhosos: primitivos (madeiras) ou derivados (papéis).

    Mistos: constituição química mais complexa (pinturas).

    Têxteis: fibrosos (tecidos) ou plásticos (fórmicas).

- **Materiais minerais:**

    Metálicos: metais (cobre), produtos siderúrgicos (aços) ou mistos (ligas não ferrosas).

    Pétreos: naturais (pedras) ou artificiais (argila expandida).

FIQUE DE OLHO!

Alguns acidentes que ocorrem em obras de construção civil são causados por trocas indevidas de materiais. Na fase de construção, para trocar um determinado tipo de material que foi especificado no projeto, é necessário consultar o engenheiro projetista e pedir a ele uma autorização formal (documento assinado), permitindo a troca do material especificado pelo material pretendido.

É importante relembrar que o critério de segurança nunca pode ser desprezado, devendo ser utilizado prioritariamente na escolha dos materiais de construção.

2.3 Ensaios em materiais de construção civil

A qualidade dos materiais é muito importante para atingir o desempenho esperado na fase de projeto. Os materiais são avaliados por meio de ensaios padronizados pela ABNT. Os ensaios podem ser realizados de forma direta, por meio de sua aplicação na obra, ou indiretamente (ensaios laboratoriais).

Os ensaios podem indicar características importantes dos materiais e, genericamente, podem ser classificados como de controle de produção, de recebimento e de identificação.

- **Ensaios de controle de produção dos materiais:** são realizados em amostras significativas, especificadas pelas normas técnicas, nos locais de sua fabricação (em fábricas ou no local da obra). O objetivo é assegurar que os materiais produzidos estejam dentro das especificações de qualidade exigidas pelas normas técnicas.

- **Ensaios de recebimento dos materiais:** têm como objetivo verificar se os produtos recebidos (na fábrica ou na obra) têm as características de conformidade adequadas às finalidades de sua utilização.

- **Ensaios de identificação de materiais:** têm como objetivo identificar os produtos já existentes, cujas características são desconhecidas.

Os ensaios podem ser classificados, quanto a sua natureza, em gerais ou especiais (Tabelas 2.1 e 2.2).

Tabela 2.1 - Natureza dos ensaios gerais

Ensaios gerais	Físicos	Aderência		
		Condutividade acústica		
		Condutividade térmica		
		Densidade		
		Dilatação térmica		
		Dureza		
		Permeabilidade		
		Porosidade		
	Mecânicos	Estáticos	Cisalhamento	
			Compressão	
			Desgaste	
			Flexão	
			Torção	
			Tração	
		Dinâmicos	Compressão	
			Flexão	
			Tração	
		Fadiga	Compressão	Combinados
			Flexão	
			Tração	
	Químicos	Composição química	Qualitativa	
			Quantitativa	
		Resistência ao ataque de agentes agressivos		

Tabela 2.2 - Natureza dos ensaios especiais

Ensaios especiais	Petrográficos	Classificação petrográfica
		Composição mineralográfica
		Estado de conservação
		Estrutura, fendas, granulação, índices de enfraquecimento da estrutura, poros, vazios
		Elementos mineralógicos prejudiciais para a aplicação específica
	Metalográficos	Macroscópicos
		Microscópicos
	Tecnológicos	Dobramento
		Forjabilidade
		Fusibilidade
		Maleabilidade
		Soldabilidade

2.4 Normalização

O objetivo da normalização é padronizar atividades específicas e que são repetitivas. É uma maneira de organizar as atividades por meio da criação e da utilização de regras ou normas.

As normas técnicas têm como objetivo principal a garantia da qualidade de um produto ao consumidor. Com isso, elas contribuem para a melhoria da qualidade dos produtos, para o aumento da produtividade, para o aprimoramento tecnológico e para facilitar as atividades de marketing, promovendo, assim, a eliminação de barreiras técnicas e comerciais.

Alguns conceitos básicos são importantes agora:

- **Normas Técnicas (NT):** são documentos aprovados por uma instituição reconhecida, que preveem, para uso comum e repetitivo, diretrizes, regras ou características para os produtos ou processos e métodos de produção conexos, cuja observância não é obrigatória, a não ser quando explicitadas em um instrumento do Poder Público (lei, decreto, portaria, normativa etc.), ou quando citadas em contratos entre as partes envolvidas.

- **Normas Regulamentadoras (NR):** são documentos aprovados por órgãos governamentais, em que são estabelecidas as características de um produto ou dos processos e métodos de produção a ele relacionados, com inclusão das disposições administrativas aplicáveis e cuja observância é obrigatória.

▸ **Normas Empresariais (NE):** são documentos que foram elaborados e aprovados por uma empresa ou por um grupo de empresas, cujo objetivo é a padronização de seus serviços e produtos.

▸ **Normas de Associação (NA):** são documentos elaborados e publicados por uma associação que representa um determinado setor produtivo, com o objetivo de estabelecer parâmetros a serem seguidos por todas as pessoas físicas ou empresas a ele associadas.

No Brasil, as normas técnicas são documentos elaborados segundo procedimentos definidos pela ABNT. O Comitê Nacional de Normalização (CNN) define a ABNT como Foro Nacional de Normalização, classificando-a como uma entidade privada, sem fins lucrativos, à qual compete coordenar, orientar e supervisionar o processo de elaboração de normas brasileiras, bem como elaborar, editar e registrar as referidas normas no Inmetro (Norma Brasileira Regulamentada - NBR). Assim, as normas brasileiras oficiais são identificadas pela ABNT com a sigla NBR mais o número e o ano e são reconhecidas em todo o território nacional.

Como objetivo da integração comercial entre países próximos, também são criadas normas técnicas regionais. Elas são estabelecidas por um organismo regional de normalização, composto por membros dos países envolvidos, para que sejam aplicadas nos países membros. Por exemplo:

▸ **Normas do Mercosul:** desenvolvidas pela Associação Mercosul de Normalização (AMN) e elaboradas pelos Comitês Setoriais do Mercosul (CSM).

▸ **Normas COPANT:** elaboradas pelos comitês da Comissão Pan-Americana de Normas Técnicas.

São denominadas normas técnicas internacionais aquelas elaboradas e estabelecidas por um organismo internacional de normalização e resultantes da cooperação e de acordos entre um grande número de nações independentes, que têm interesses comerciais em comum. Um exemplo são as Normas ISO, elaboradas e editadas pela Organização Internacional de Padronização (*International Organization for Standardization*). São membros da ISO institutos de normalização nacionais de mais de cem países, dentre os quais o Brasil, representado pela ABNT. Dentre as normas ISO, temos a série ISO 9000, que trata dos fundamentos de sistemas e gestão da qualidade, e a série ISO 14000, que trata dos fundamentos de sistemas e gestão ambiental.

FIQUE DE OLHO!

As normas técnicas são padrões mínimos de referência. São recomendações, com base na melhor técnica disponível e certificada em determinado momento, para se atingir um resultado satisfatório de desempenho.

A ABNT prepara os seguintes tipos de normas, que também podem ser chamadas de normas técnicas (NT):

▸ **Especificações Brasileiras (EB):** estabelecem prescrições para os materiais.

▸ **Classificações Brasileiras (CB):** dividem e ordenam materiais por propriedades.

▸ **Normas Brasileiras (NB):** determinam condições e exigências para execução de obras.

▸ **Métodos Brasileiros (MB):** ensaios. Processos para formação e exame de amostras.

▸ **Padronizações Brasileiras (PB):** estabelecem dimensões para os materiais.

▸ **Simbologias Brasileiras (SB):** estabelecem convenções para desenhos.

▸ **Terminologias Brasileiras (TB):** regularizam a nomenclatura técnica.

Como visto, as normas técnicas são registradas no Inmetro, adquirindo força de lei. Assim, todas devem ser observadas como NBR. Exemplos:

- NB-1 é registrada sob o nº NBR 6118.
- MB-1 é registrado sob o nº NBR 7215.
- EB-1 é registrada sob o nº NBR 5732.

A sequência para a elaboração de uma norma técnica na ABNT é apresentada na Figura 2.1.

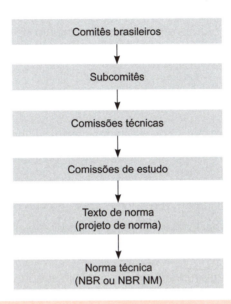

Figura 2.1 - Sequência para elaboração de norma técnica na ABNT.

A normalização brasileira no setor da construção civil, feita pela ABNT, é composta de comissões técnicas, denominadas comitês, que são nomeados pela sigla CB. Por exemplo, na ABNT há os comitês:

- **ABNT/CB-02:** Construção Civil
- **ABNT/CB-18:** Cimento, Concreto e Agregado
- **ABNT/CB-22:** Impermeabilização
- **ABNT/CB-24:** Segurança contra Incêndio
- **ABNT/CB-25:** Qualidade
- **ABNT/CB-31:** Madeira
- **ABNT/CB-32:** Equipamentos de Proteção Individual
- **ABNT/CB-35:** Alumínio
- **ABNT/CB-37:** Vidros Planos
- **ABNT/CB-38:** Gestão Ambiental
- **ABNT/CB-42:** Soldagem
- **ABNT/CB-43:** Corrosão
- **ABNT/CB-44:** Cobre

Cada comitê tem suas atividades específicas, por exemplo:

- **CB-02 - Construção Civil:** elaboração das normas técnicas de componentes, elementos, produtos ou serviços utilizados na construção civil (planejamento, projeto, execução, métodos de ensaio, armazenamento, transporte, operação, uso e manutenção e necessidades do usuário, subdivididas setorialmente).

- **CB-18 - Cimento, Concreto e Agregado:** normalização no setor de cimento, concreto e agregados, compreendendo dosagem de concreto, pastas e argamassas; aditivos, adesivos, águas e elastômeros (terminologia, requisitos, métodos de ensaio e generalidades).

As comissões técnicas da ABNT promovem revisões no conjunto de normas sob sua responsabilidade a cada período de cinco anos.

2.5 Unidades e notação científica

Quando realizamos ensaios nos materiais, os resultados devem ser indicados em unidades coerentes. Um sistema de unidades físicas é um conjunto de unidades adotado para que se possa medir qualquer grandeza de quaisquer fenômenos.

Existem muitos sistemas de unidades, mas o adotado pelo Brasil é o Sistema Internacional de Unidades (SI) ou Sistema MKS. O Sistema Internacional de Unidades foi adotado em uma conferência internacional de Física, sendo utilizado atualmente por quase todos os países no mundo.

O SI possui as grandezas e unidades fundamentais constituintes apresentadas na Tabela 2.3.

Tabela 2.3 - Grandezas físicas fundamentais e suas respectivas unidades físicas no Sistema Internacional

Grandeza	Unidade	Símbolo
Comprimento	metro	m
Tempo	segundo	s
Massa	quilograma	kg
Temperatura	Kelvin	K
Corrente elétrica	Ampère	A
Quantidade de matéria	mol	mol
Intensidade luminosa	candela	cd

Com as grandezas físicas fundamentais, podem ser construídas quaisquer outras grandezas físicas derivadas, de modo que qualquer propriedade ou quantidade natural de qualquer fenômeno pode ser medida.

Além das unidades, as propriedades dos materiais são avaliadas de forma quantitativa, isto é, por meio de números significativos.

Existem muitas formas de se representar os números com notação científica. A mais usada é a notação científica padrão ou padronizada, em que se tem a mantissa (coeficiente ou número com os algarismos significativos) com valor maior ou igual a 1 e menor que 10, multiplicado por fatores de 10. Desse modo, cada número é representado de um modo único, na forma:

$$N = M \cdot 10^e$$

Em que:

N: número a ser representado

M: mantissa

e: expoente

EXEMPLO

1. A dimensão de uma medida é um número da ordem de d = 0,000009 m.

   Em notação científica, esse número deve ser escrito como: d = 9,0 × 10⁻⁶ m.

2. A distância entre dois pontos é da ordem de 450 km ou 450.000 m.

   Em notação científica, esse número deve ser escrito como d = 4,5 × 10⁵ m.

Para representar números muito grandes ou muito pequenos, devemos utilizar os prefixos. São denominados prefixos os símbolos antepostos às unidades físicas, significando um fator de 10 multiplicativo à unidade. Os prefixos são múltiplos e submúltiplos decimais e os mais usados estão apresentados na Tabela 2.4.

Tabela 2.4 - Prefixos e seus valores

Característica	Nome do prefixo	Símbolo do prefixo	Fator
Múltiplos decimais	Yotta	Y	10²⁴
	Zetta	Z	10²¹
	Exa	E	10¹⁸
	Peta	P	10¹⁵
	Tera	T	10¹²
	Giga	G	10⁹
	Mega	M	10⁶
	Quilo	k	10³
	Hecto	h	10²
	Deca	da	10¹

PROPRIEDADES GERAIS DOS MATERIAIS DE CONSTRUÇÃO CIVIL

Característica	Nome do prefixo	Símbolo do prefixo	Fator
Submúltiplos decimais	Deci	d	10^{-1}
	Centi	c	10^{-2}
	Mili	m	10^{-3}
	Micro	µ	10^{-6}
	Nano	n	10^{-9}
	Pico	p	10^{-12}
	Femto	f	10^{-15}
	Atto	a	10^{-18}
	Zepto	z	10^{-21}
	Yocto	y	10^{-24}

EXEMPLO

F: 4.500 N = 4,5 kN

P: 60.000.000 Pa = 60 MPa

L: 0,005 m = 5 mm

Muitas vezes, é necessário saber fazer a conversão de unidades, isto é, passar um número de uma unidade para outra. Exemplos de conversão de unidades são apresentados nas Tabelas 2.5, 2.6 e 2.7.

Tabela 2.5 - Tabela de conversão de unidades de comprimento

Comprimento (m)	Conversão com múltiplos e submúltiplos do metro
10^3 m	1 km
10^2 m	1 hm
10^1 m	1 dam
1 m	1 m
10^{-1} m	1 dm
10^{-2} m	1 cm
10^{-3} m	1 mm

Tabela 2.6 - Tabela de conversão de unidades de tempo

Tempo	Conversão com múltiplos e submúltiplos do segundo
365 dias	1 ano
7 dias	1 semana
24 h	1 dia
3.600 s	1 hora (h)
60 s	1 minuto (min)
1 s	1 segundo (s)
10^{-3} s	1 ms

Tabela 2.7 - Tabela de conversão de unidades de massa

Massa (g)	Conversão com múltiplos e submúltiplos da grama
10^3 g	1 kg
10^2 g	1 hg
10^1 g	1 dag
1 g	1 g
10^{-1} g	1 dg
10^{-2} g	1 cg
10^{-3} g	1 mg

Como citado, existem outros sistemas de unidades. Por exemplo, nos Estados Unidos e na Grã-Bretanha, é também utilizado o Sistema de Unidades Inglês Técnico (Tabela 2.8).

Tabela 2.8 - Sistema de Unidades Inglês Técnico

Dimensão	Unidade	Símbolo
Massa	Slug	slug
Força	Libra-força	lbf
Comprimento	Pé (*foot*)	ft
	Polegada (*inch*)	in ou "
Temperatura	Rankine	R
Tempo	Segundo	s

Na área tecnológica, para a execução de projetos de engenharia entre os diversos países, é necessário fazer a conversão de unidades entre os sistemas adotados em cada um deles. Assim, muitas vezes é necessário fazer a conversão de unidades do Sistema Inglês Técnico (SIT) para o Sistema Internacional de Unidades (Tabela 2.9).

Tabela 2.9 - Tabela de conversão de unidades SIT para SI

Dimensão	SIT	SI
Massa	1 slug	14,5938 kg
Força	1 lbf	4,4482 N
Comprimento	1 ft	0,3048 m
	1"	0,0254 m
Temperatura	1 R	R*5/4 + 273,15
Tempo	1 s	1 s

EXEMPLO

Exemplos de conversão de sistemas de unidades:

1. Converter 60 km/h para ft/s.

   Sendo:

   1 km = 1.000 m = 1.000 × [1/0,3048] ft = 3.280,84 ft

   1 h = 3.600 s

   Então: 60 km/h = 60 × 3.280,84/3.600 ft/s = 54,68 ft/s.

2. Converter 50 slug/ft² para kg/m².

   Sendo:

   1 slug = 14,5938 kg

   1 ft = 0,3048 m

   Então:

   50 slug/ft² = 50 × 14,5938 kg/(0,3048)² m² = 7,85 × 10³ kg/m².

2.6 Propriedades gerais dos materiais de construção civil

De maneira geral, os materiais de construção civil devem apresentar características específicas para cada tipo de aplicação. Essas propriedades estão descritas nas normas técnicas da ABNT.

Para as ligas metálicas, por exemplo, são avaliados pelas normas da ABNT itens como:

- Densidade
- Dilatação
- Condutividade térmica
- Condutividade elétrica
- Resistência à tração
- Resistência ao choque
- Dureza
- Fadiga
- Corrosão

Para os materiais cerâmicos, por exemplo, são avaliados pelas normas da ABNT itens como:

- Variação das dimensões
- Resistência à compressão
- Qualidade da superfície e tonalidade
- Absorção de água
- Dilatação térmica linear
- Resistência ao gretamento
- Resistência ao ataque químico
- Resistência à abrasão

FIQUE DE OLHO!

Um projeto de engenharia, além de plantas, desenhos e cálculos, tem partes de redação, sob a forma de um memorial descritivo e de especificações técnicas:

- **Memorial descritivo:** descreve os materiais que serão utilizados na obra, para melhor compreensão do projeto.
- **Especificações técnicas:** são indicações detalhadas das características e das propriedades que os materiais devem apresentar, bem como das técnicas a serem utilizadas na execução da obra.

Os ensaios laboratoriais de materiais de construção civil devem ser feitos por profissionais habilitados. Geralmente, esses profissionais são técnicos de nível médio em edificações.

O objetivo da normalização é garantir a qualidade ao consumidor e, por isso, as normas técnicas atuam na classificação, na produção e no emprego dos diversos materiais.

AMPLIE SEUS CONHECIMENTOS

Para conhecer melhor as características dos materiais de construção civil, é necessário estudar atentamente as normas técnicas da ABNT, disponíveis em <www.abnt.org.br>. Acesso em: 18 jan. 2014.

VAMOS RECAPITULAR?

Neste capítulo, você aprendeu que a escolha de determinado material de construção civil depende de sua aplicação. Os critérios utilizados são de segurança, economia e estética. É muito importante que os materiais tenham certificados de qualidade expedidos pelo Inmetro. Todos os materiais devem satisfazer às normas de desempenho e conformidade da ABNT.

AGORA É COM VOCÊ!

1. Faça a conversão de:
   a. 2 km^2 para cm^2
   b. 5.000 mm^3 para m^3.

2. O que é e o que faz o Comitê Brasileiro da ABNT - CB-02?

3
ARGAMASSA ARMADA

PARA COMEÇAR

Este capítulo tem como objetivo definir os conceitos básicos de argamassa armada, apresentar o potencial do material, seus constituintes e as principais técnicas de execução.

3.1 Potencial do material

A argamassa armada é um tipo de concreto armado. Ela é composto por argamassa de cimento e agregado miúdo e armadura difusa. Comumente, é formada por telas de aço de malhas de pequena abertura, distribuídas em toda a seção transversal da peça. A argamassa armada é uma espécie de concreto armado apropriado a componentes de menor espessura, com medida máxima autorizada de 40 mm. Isso significa que, junto com a mistura de agregado miúdo, cimento, areia e água (que compõem a argamassa), utiliza-se uma armação de aço com fios de pequeno diâmetro.

Em outros países, a argamassa armada é chamada também de ferrocimento. Pode ser considerado um tipo de construção de concreto reforçado, em que grandes quantidades de malhas de arame de pequeno diâmetro são usadas uniformemente ao longo da seção transversal, em vez de barras de aço de maior diâmetro. Nas armações, são utilizadas telas soldadas de aço, fios e barras de aço, além de telas construídas especialmente para a produção da argamassa armada. Uma opção interessante é o uso da sílica ativa, uma adição mineral que auxilia na resistência mecânica e na aderência ao substrato.

No Brasil, esse tipo de material foi desenvolvido e adaptado às nossas condições pelos professores Dante A. O. Martinelli e Frederico Schiel, da Escola de Engenharia de São Carlos da Universidade de São Paulo, nos anos 1960. O resultado são elementos pré-moldados de cobertura que precederam atuais elementos de concreto protendido pré-fabricado e telhas estruturais de fibrocimento.

Seus componentes apresentam menor espessura, o que traz benefícios, como maior flexibilidade, elasticidade e versatilidade. Entretanto, a menor espessura das peças também faz com que os cuidados sejam mais rigorosos. Quando seguimos a Teoria do Concreto Armado, é possível observar que, quanto menor o diâmetro das barras da armadura, maior é a taxa de armadura e a aderência ao concreto, possibilitando um controle das fissuras.

O potencial do material se relaciona diretamente com as propriedades intrínsecas do material, que são interpretadas pela disciplina Ciência dos Materiais e pelas teorias relativas às associações de materiais de diferentes espécies.

Sua utilização é muito comum em estruturas pequenas, como reservatórios de água, painéis de divisão e peitoris. Na zona rural, pode ser utilizada na construção de estábulos, bebedouros e telhados. Os elementos de pequeno porte permitem a utilização do material, com elementos mais delgados.

Além da construção civil, o uso da argamassa armada pode ser feito também em barcos e pequenas embarcações marítimas. Pode ser utilizada inclusive como reforço em alvenarias que estão sujeitas a ações verticais e horizontais, melhorando a resistência das paredes.

A argamassa armada também é utilizada na construção de formas pré-moldadas para estruturas de concreto armado, pois há uma aderência e colaboração entre os dois materiais, a argamassa e o concreto, tornando a construção mais eficiente e econômica.

A norma ABNT NBR 11173:1990 (Projeto e execução de argamassa armada – Procedimento) determina condições exigíveis para projeto, execução e controle de peças e obras de argamassa armada, excluídas as que utilizam argamassa leve ou outras espécies.

No Brasil, utiliza-se a argamassa armada em diversos tipos de empreendimentos, principalmente em locais de difícil acesso. As peças de argamassa armada têm a vantagem de poderem ser moldadas *in loco*, permitindo a construção de Estações de Tratamento de Água (ETA), Estações de Tratamento de Esgoto (ETE), reservatórios com e sem tampa, filtros, aquecedores solares, biodigestores, entre outros. A argamassa armada é muito econômica e facilmente adaptável a processos de fabricação. Um benefício é a diminuição do aramado, sendo apenas a malha de sustentação, que é formada por tela de aço eletrossoldada, além de ser, usualmente, moldada artesanalmente.

Caçambas de ferrocimento de pequena capacidade de até 3 toneladas de forma cilíndrica e tamanho de 1,20 m de diâmetro e pré-fabricado em alturas de 1 m são construídas com sucesso na Índia, por exemplo. Os resultados mostram que, com o uso de argamassa armada, as lixeiras podem ter um custo mais barato do que as caixas feitas de aço. Estudos de viabilidade mostraram que o valor do ferrocimento é menor que o custo do aço ou da fibra de vidro na construção de túneis de vento ou tanques de armazenamento de água quente.

Além disso, é possível desenvolver peças e esculturas com a argamassa armada. Um exemplo é a estátua do Cristo de Sertãozinho, encontrada na cidade de Sertãozinho, São Paulo (Figura 3.1). A escultura pesa 40 toneladas, tem 18 metros de altura e feita de aço. Em seguida, foi revestida por uma tela e argamassa de concreto. Ao todo, com 57 metros, é o maior monumento religioso da América do Sul.

A Figura 3.1 mostra o Cristo Salvador de Sertãozinho. Ele foi criado pelos artistas plásticos mineiros Marcos Moura e Genésio Moura.

Figura 3.1 - Cristo Salvador de Sertãozinho.

3.2 Materiais constituintes

A argamassa armada é considerada um tipo especial de concreto armado. É constituída por telas de aço de abertura limitada, que são imersas em uma matriz de argamassa estrutural. As peças desenvolvidas com esse tipo de material costumam ser de pequena espessura (da ordem de 40 mm). Entre suas características estão a facilidade de serem alongadas e produzirem fissuras finas pouco espaçadas. A única diferença da argamassa armada para o concreto armado convencional é a forma de utilização, ou seja, produção, projeto, execução e uso.

Para a aplicação da argamassa armada, é necessário conhecer os princípios do funcionamento mecânico do material, as propriedades dos materiais constituintes, os fatores que afetam a vida útil dessas estruturas, os critérios de avaliação do desempenho estrutural, o dimensionamento e arranjo especial das armaduras, as técnicas de execução e manutenção e as particularidades sobre o modo de uso do sistema estrutural.

O desempenho estrutural da argamassa armada permite que ela seja utilizada em grandes construções. Além disso, é indicada também para peças pré-moldadas leves e moldadas *in loco*. Observe o tripé conceitual referente a esse tipo de material:

- potencial do material em si;
- técnicas a ele associadas;
- adequação tecnológica de seu uso.

O material em si apresenta características peculiares. Por exemplo, a argamassa armada pode ser considerada um tipo particular de concreto armado, composto por argamassa de cimento e agregado miúdo e armadura difusa, em geral constituída de telas de aço de malhas de pequena abertura, distribuídas em toda a seção transversal da peça.

A argamassa armada é um elemento de construção fino com espessura da ordem de 10 a 25 mm ($\frac{3}{8}$ a 1 pol.) e usa argamassa de cimento rica; nenhum agregado grosso é usado; e o reforço consiste em uma ou mais camadas de fio de aço de diâmetro contínuo, pequeno, rede de malha de solda. Não requer mão de obra qualificada para que seja utilizada.

3.2.1 Malha de aço

A Teoria do Concreto Armado nos ensinou que, quando o diâmetro das barras da armadura é reduzido, a aderência ao concreto melhora com isso. Além disso, se a taxa de armadura é ampliada, enquanto a deformação do aço é diminuída, é possível controlar melhor as fissuras e o espaçamento entre elas. Para se obter uma argamassa de alto desempenho, capaz de resistir a impactos específicos em determinados pontos e grandes deformações sem fissuras macroscópicas, é necessário criar uma armadura densa (com consumo de aço superior a 300 kg/m^3), extremamente subdividida e distribuída. Mas, dependendo da utilização, as estruturas e os componentes estruturais de argamassa armada podem ser produzidos com cerca de 80 a 200 kg/m^3 de aço.

As barras e os fios de aço devem obedecer à norma ABNT NBR 7480:2007, e as telas de aço soldadas devem obedecer à norma ABNT NBR 7481:1990 nos seus aspectos gerais. No caso de telas de aço soldadas, o diâmetro dos fios não deve ser inferior a 0,56 mm, nem superior a 3,0 mm. Além disso, o maior espaçamento entre os fios das telas de aço não deve ser superior a 50 mm. As telas soldadas para a argamassa armada cumprem o papel da armadura difusa. Suas funções incluem a resistência aos esforços de tração, controle da fissuração e redução da fragilidade do componente ou da estrutura.

As telas soldadas de aço são compostas por fios retilíneos, dispostos de maneira que formem malhas quadradas ou retangulares, unidas por contato entre si nos cruzamentos. As telas mais utilizadas são aquelas com malhas de 50 mm × 50 mm, 25 mm × 50 mm e fios de aço CA 60 de diâmetro entre 2 mm e 3 mm. As telas soldadas para argamassa armada são telas produzidas especificamente para esse tipo de aplicação. Fios e barras de aço para concreto armado são utilizados juntamente com as telas de aço, para complementação das seções transversais necessárias de armadura e também como armadura construtiva.

Essas normas definem a utilização conforme indicado a seguir:

- **ambientes protegidos:** interior da edificação, locais ventilados não sujeitos ao acúmulo de água. Vale ressaltar que a espessura efetiva da cobertura não pode ser menor que 4 mm;

- **ambientes pouco ou moderadamente agressivos:** locais suscetíveis a adversidades e acúmulo de água, limpos com pequenas taxas de agentes químicos agressivos. A espessura efetiva da cobertura não deve ser menor que 6 mm;
- **ambientes agressivos, marinhos:** nas peças em contato com o solo, em locais que favoreçam chuva ácida, o uso da argamassa armada deve ser utilizada em formas específicas de proteção da armação, como emprego de pintura externa ou revestimento das telas.

As patologias também podem ocorrer pela ausência de manutenção, pela obra executada incorretamente ou pelo uso de matéria-prima indevida ou de má qualidade. De acordo com a norma ABNT NBR 9575:2010, as patologias podem ser classificadas quanto à sua abertura como:

- **fissura:** por ruptura de material ou componente, inferior ou igual a 0,5 mm;
- **trinca:** por ruptura de material ou componente, menor que 0,5 mm e maior que 1,0 mm.

Nas lajes das edificações é comum observar fissuras ou trincas poucas horas depois da execução de uma obra ou após longos períodos. Existem várias causas, origens ou locais em que podem ocorrer. As fissuras e as trincas podem determinar eventual condição perigosa ou comprometimento da durabilidade da edificação.

3.2.2 Argamassa

A composição química do cimento, a natureza do agregado (areia), a taxa de agregação e a relação água-cimento são os principais parâmetros para avaliar as propriedades da argamassa armada. Normalmente, o agregado consiste em agregado fino bem graduado (areia), que passa a 2,34 mm na peneira; e, como a fonte de areia não deve conter sal, é recomendado selecioná-la preferencialmente nos leitos de rios e livre de substâncias orgânicas ou nocivas.

Determinadas características devem ser observadas para o agregado: a dimensão máxima característica não deve ser superior a ¼ da menor espessura da peça; e ½ da menor abertura das telas de aço singelas ou da abertura resultante no caso de telas de aço justapostas.

No caso de água utilizada no amassamento da argamassa proveniente de serviços de abastecimento público, é dispensável o controle de aceitação.

A argamassa deve seguir os seguintes intervalos nos parâmetros de dosagem e características físicas e mecânicas:

- a relação agregado/cimento deve ser entre 2 e 3,2;
- a relação água/cimento deve ser entre 0,35 e 0,45;
- o consumo de cimento deve estar entre 500 e 680 kg/m^3;
- a massa específica da argamassa não deve ser inferior a 1.800 kg/m^3;
- o índice da mesa de espalhamento (*flow table*) deve ser entre 160 e 250 mm;
- a resistência à compressão simples aos 28 dias deve ser entre 25 e 60 MPa;
- o índice de absorção de água da argamassa no estado endurecido, quando determinado de acordo com a ABNT NBR 9778:2009, não deve exceder 8%.

AMPLIE SEUS CONHECIMENTOS

ENGINEERED CEMENTITIOUS COMPOSITES (ECC) OU COMPÓSITO CIMENTÍCIO PROJETADO

Popularmente conhecido como concreto flexível, esse compósito é preparado com água, cimento, areia, fibra e alguns aditivos químicos comuns. Na mistura, não encontramos agregados graúdos, pois eles costumam afetar negativamente o comportamento dúctil exclusivo do compósito. O ECC, em geral, necessita de 2% ou menos (em volume) de fibras descontínuas, mesmo que o compósito seja projetado para aplicações estruturais; e ECC é geralmente reforçado com fibras de PVA (poliacetato de vinila).

As propriedades do ECC incluem alta tolerância a danos e alta absorção de energia. Além disso, apresentam capacidade de deformar sob cisalhamento, o que é considerado uma propriedade superior do ECC em aplicações de resistência sísmica. A diferença entre a argamassa armada e o ECC é que o primeiro usa arame ou malha de solda e este último usa fibras. As aplicações do ECC incluem colunas curtas, pavimentos rodoviários e pontes.

Para informações mais aprofundadas sobre os ECC, visite o site < https://bit.ly/2z9RSF4 >. Acesso em: 19 ago. 2019.

3.3 Técnicas de execução

A construção da argamassa armada pode ser dividida em quatro fases:

- fabricação do sistema de enquadramento esquelético (1);
- aplicação de hastes e malha (2);
- reboco (3);
- cura (4).

São necessárias habilidades especiais para as fases (1) e (3); já a fase (2) pode ser considerada muito trabalhosa. Isso pode ser um problema para os países em desenvolvimento, mas uma vantagem para os países nos quais a mão de obra pode ser encontrada com facilidade. Vale lembrar que, nesses casos, as técnicas de laminação podem reduzir o custo do trabalho. A experiência mostrou que a qualidade e a aplicação de argamassa são fundamentais para um projeto bem-sucedido.

O lançamento da argamassa deve seguir a norma ABNT NBR 6118:2014, sendo que sua aplicação pode ser realizada manualmente ou por *shotcreting* (projeção da argamassa). Como é possível não utilizar uma forma, a argamassa armada é especialmente adequada para estruturas com superfícies curvas, como conchas.

A espessura de qualquer parte de um elemento estrutural de argamassa armada depende basicamente:

- da espessura do cobrimento da armadura;
- de armaduras construtivas;
- do tipo e do número de telas de aço;
- das particularidades do arranjo da armadura, como dobras de fios, barras e telas;
- da presença de fios, barras ou cordoalhas;
- da tolerância de execução admitida para a espessura das peças e para o posicionamento da armadura.

A espessura mínima correta em qualquer parte da seção transversal é de 12 mm. Espessuras menores somente são admitidas quando tomadas precauções especiais relativas à proteção das armaduras.

> **FIQUE DE OLHO!**
>
> A argamassa armada, sem dúvida, é uma das melhores alternativas estruturais para as estruturas de concreto armado.
>
> Abrigo e moradia compõem as principais necessidades básicas do ser humano. Mas, em mais de 80 países em desenvolvimento, a falta de moradia é um problema grave. Isso pode ser considerado uma consequência do crescimento populacional desordenado, migração interna, guerras ou desastres naturais, por exemplo. A maioria das habitações em áreas rurais é feita de madeira de má qualidade (que é facilmente atacada por cupins), sucata de metal, palha e/ou produtos de terra (como barro, lama, areia, rocha ou pedra), que são temporários e inseguros. Existe uma necessidade urgente de explorar um material de construção que seja estruturalmente eficiente, mas que, ao mesmo tempo, deve ser leve, ecologicamente correto, rentável e seguro. A argamassa armada é um material fino e delgado, mas, ao mesmo tempo, forte e elegante, que fornece uma solução real para problemas de cobertura, com uma história do método antigo e universal de construir cabanas usando canas para reforçar a lama seca (acácia e pique).

VAMOS RECAPITULAR?

A argamassa armada é diferente do concreto por eliminar o agregado graúdo e permitir a execução de peças mais finas e delicadas. Isso, porém, exige que haja mais cuidado no manuseio. Peças delgadas, com menor massa e redução do consumo de material por metro linear, leveza no transporte, facilidade de montagem, bom aspecto, durabilidade e impermeabilidade. Essas vantagens podem ser obtidas com a argamassa armada, cuja origem é semelhante à do concreto, porém com a ausência do agregado graúdo.

Trabalhar bem com argamassa armada significa identificar seus pontos fortes e aplicá-los em peças ou estruturas com formas adequadas, como ocorre na pré-fabricação de componentes leves e na argamassa projetada.

AGORA É COM VOCÊ!

1. Comente a importância do controle das tolerâncias de execução, especialmente na espessura e no cobrimento das armaduras.
2. Pesquise as principais obras de argamassa armada executadas no Brasil.

4

CONCRETO ARMADO

PARA COMEÇAR

Este capítulo tem por objetivo definir os conceitos básicos pertinentes ao concreto armado e a seus componentes.

4.1 Composição do concreto armado

O concreto, como já foi explicado no Capítulo 1, é classificado como um compósito, porque possui, em sua matriz, o cimento, que começa a reagir quimicamente quando entra em contato com a água. O cimento "empedra" dentro da embalagem, porque o saco de cimento é feito de camadas de papelão que geralmente estão sujeitas à umidade, ou seja, em contato com a água presente no ar atmosférico.

A Figura 4.1 apresenta concreto fresco sendo lançado sobre uma tela metálica para a execução, por exemplo, de um piso de shopping center.

O concreto é composto por um aglomerante (cimento), um agregado miúdo (areia), um agregado graúdo (brita), água e, algumas vezes, aditivos. A relação entre a quantidade de cada um desses componentes no concreto é chamada de traço.

Figura 4.1 - Lançamento de concreto fresco para a execução de um piso.

Existem vários tipos de traço, e ele é o responsável pela resistência do concreto. Na mistura, o cimento, ao reagir com a água (chamada de "água de amassamento"), cria uma pasta, chamada de pasta de cimento.

O traço do concreto pode ser em volume, ou, mais precisamente, em peso. O traço é dado pela relação cimento:areia:brita. Por exemplo, o traço em volume 1:2½:4, tendo uma lata como instrumento de medida, significa:

1 lata de cimento:2½ latas de areia:4 latas de pedra

Para não termos que medir meia lata de areia, é melhor fazer o dobro, isto é:

2 latas de cimento:5 latas de areia:8 latas de pedra (não é fácil!)

A função da pasta de cimento é envolver e unir os agregados miúdo e graúdo. Mas por que usar agregados? Não seria melhor preencher um pilar, ou uma viga, somente com pasta de cimento? Não! Principalmente por conta do aspecto econômico. O cimento é o componente mais caro do concreto. Por isso, existem os agregados. O agregado graúdo é feito de rochas britadas em pedaços normalmente do tamanho de bolas de tênis de mesa. A sua principal função é preencher cerca de 75% do volume da peça a ser concretada, sem comprometer a resistência mecânica da peça de concreto. A areia, ou seja, o agregado miúdo, colabora no preenchimento dos vazios ainda existentes entre os agregados graúdos.

A Figura 4.2 apresenta a composição do concreto armado.

O concreto resiste muito bem ao esforço de compressão. A resistência ao esforço de tração somente é possível com a utilização de esqueletos de barras de aço unidas por arame recozido. Já é possível perceber a importância de conhecer cada um dos itens que compõem o concreto. Para estudar o agregado graúdo, primeiro dos itens a ser abordado, precisamos estudar as rochas, das quais ele é obtido.

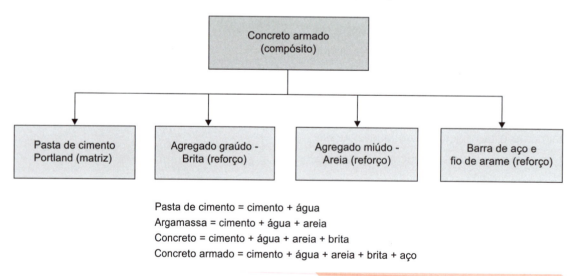

Figura 4.2 - Composição do concreto armado.

4.2 Rochas

A brita, popularmente conhecida como a "pedra do concreto", é oriunda de uma formação rochosa. As rochas são minerais definidos como substâncias sólidas, naturais, inorgânicas e homogêneas, que possuem composição química definida e estrutura atômica característica.

O processo geológico de formação das rochas, que envolve temperatura e pressão, pode gerar três tipos de rochas: ígneas, sedimentares e metamórficas.

As **rochas ígneas ou magmáticas** resultam da solidificação do magma (lava de vulcão). Elas podem ser formadas dentro ou fora da crosta terrestre. Existem mais de mil tipos, mas toda essa variedade é obtida com a utilização de apenas alguns minerais (feldspato, quartzo, piroxênio e mica).

As **rochas ígneas intrusivas ou plutônicas** são formadas em profundidade (dentro da crosta da Terra). Apresentam estrutura cristalina e textura de graduação grossa, pois tiveram mais tempo para se formar. Possuem coloração predominantemente clara, em razão do alto teor de SiO_2.

As **rochas ígneas extrusivas ou vulcânicas** são formadas fora da crosta terrestre. São caracterizadas por uma estrutura que pode ser vítrea ou cristalina e apresentam textura com graduação fina pelo resfriamento rápido. Possuem constituintes dispostos ao acaso, com coloração predominantemente escura em razão da presença de minerais de ferro e magnésio. As rochas ígneas são as mais utilizadas na construção civil, por serem mais resistentes. Exemplos desse tipo de rochas incluem: granitos, dioritos, basaltos, entre outros.

As **rochas sedimentares** surgem a partir de partículas minerais provenientes da desagregação e do transporte de rochas preexistentes. Os sedimentos sofrem compactação e cimentação, transformando-se, assim, em rochas novamente. Caracterizam-se pela existência de grãos arredondados. São as rochas de maior ocorrência na superfície terrestre (75%). Nas formações rochosas sedimentares, encontra-se grande parte da riqueza mineral do mundo, como carvão, petróleo, gás natural e aquíferos (reservas subterrâneas de água potável). Os vários tipos de rochas sedimentares formam camadas horizontais de espessura variada (de milímetros a metros), que se sobrepõem umas às outras, dando ao conjunto uma estrutura em camadas paralelas, chamada de estratificação ou acamamento. São rochas com menor resistência mecânica. Exemplos de rochas sedimentares: calcário, arenito, carvão, entre outras.

As **rochas metamórficas** resultam de outras rochas preexistentes (vulcânicas, plutônicas ou sedimentares). São rochas que sofreram mudanças mineralógicas, químicas e estruturais. Exemplos de rochas metamórficas: mármore, ardósia, gnaisse, quartzito, entre outras. As rochas metamórficas oriundas de rochas sedimentares, especificamente, apresentam estruturas foleares denominadas de xistosidade. O xisto é formado por camadas de rocha sedimentar originadas a temperaturas e pressões elevadas, contendo matéria orgânica disseminada em seu meio mineral. Consiste em uma fonte energética não renovável. O óleo do xisto refinado é idêntico ao petróleo de poço, sendo um combustível muito valorizado. Atualmente, os Estados Unidos possuem a maior reserva mundial de xisto, seguidos por Brasil, Estônia, China e Rússia. A Figura 4.3 apresenta uma amostra de xisto.

Figura 4.3 - Xisto.

FIQUE DE OLHO!

Uma rocha chamada xisto e o seu polêmico meio de extrair petróleo e gás - o fraturamento hidráulico (*fracking*) - reduziram em 2/3 o custo de comercialização do insumo gás extraído do petróleo. O fracking é conhecido desde a década de 40. Os poços abertos para trazer à superfície os combustíveis do xisto são inicialmente perfurados no sentido vertical, em geral até 3.000 metros de profundidade. Quando se atinge a camada desejada, entra em cena a perfuração horizontal, em uma extensão de 300 a 2.000 metros. Por um duto horizontal se injeta água, a uma pressão bastante elevada, misturada com areia e produtos químicos. Esse processo causa fraturas nas rochas, por onde é liberado o combustível. O receio dos cientistas ao utilizar esta técnica é a possível ocorrência de terremotos.

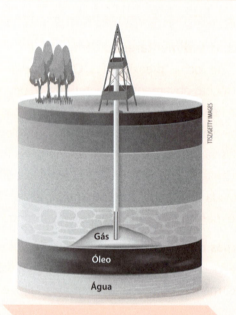

Figura 4.4 - Perfil do solo com fraturamento hidráulico.

62   MATERIAIS DE CONSTRUÇÃO

O xisto e o petróleo muitas vezes são chamados de ouro negro, mas o ouro verdadeiro, utilizado em anéis, alianças e joias, também está associado à ocorrência de jazidas de rochas metamórficas.

A exploração dos produtos de rocha em sua área fonte (pedreira ou depósito sedimentar) depende basicamente de três fatores: a qualidade do material, o volume de material útil e o transporte, ou seja, a localização geográfica da jazida.

As rochas fornecem diversos produtos, tanto naturais quanto artificiais. Os produtos naturais podem ser agregados extraídos em sua forma fragmentar (areia e cascalho) ou em placas rústicas (sem acabamento superficial). Os produtos artificiais são os materiais extraídos em forma de blocos ou placas, que precisam passar por processos de fragmentação (brita e areia britada) ou de serragem em placa, lixamento e polimento. Os agregados são materiais (granulares graúdos e miúdos) utilizados na indústria da construção civil. São os insumos mais consumidos no mundo.

Além da classificação por origem, os produtos obtidos de rocha podem ser classificados de acordo com **densidade**, **tamanho** e **destino**. Considerando a **densidade**, existem agregados leves (pedra pomes, vermiculita), normais (brita, areia, cascalho) e pesados (barita, magnetita). Quanto ao **tamanho dos fragmentos**, temos: agregados miúdos (com diâmetro mínimo de 0,075 mm e diâmetro máximo de 4,8 mm), como areias de origem natural ou resultante de britagem (artificiais); e agregados graúdos ou pedregulhos (com diâmetros mínimo de 4,8 mm e máximo de 152 mm), como cascalho e brita. O **destino** dos produtos da rocha pode ser a utilização como insumos na produção de argamassa e concreto, a utilização como revestimentos internos e externos ou o aproveitamento como matérias-primas na produção de cimento, cal e gesso.

A Figura 4.5 apresenta as classificações mais importantes para os produtos de rocha.

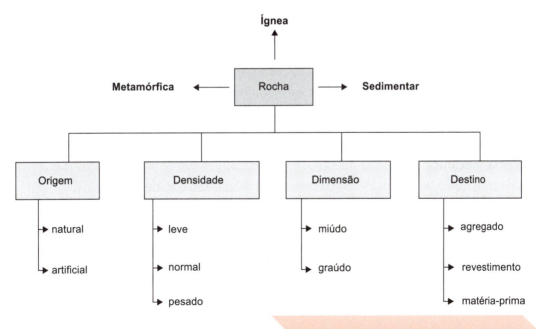

Figura 4.5 - Classificação dos produtos de rocha.

Para profissionais e estudantes ligados à área de construção civil, obter conhecimento sobre rochas é fundamental para a correta escolha dos agregados a serem utilizados no concreto. Outras áreas em que o conhecimento sobre rochas é importante são: fundações de edificações e materiais de revestimento (rochas ornamentais).

A escolha de um produto de rocha como material de construção depende de diversos fatores, dentre os quais podemos destacar os critérios técnicos e econômicos. Os critérios técnicos referem-se a características que o material possui e que atendem às finalidades da aplicação pretendida. Os critérios econômicos referem-se ao custo do material e à sua disponibilidade no local ou perto do local de utilização.

Mas quais os critérios técnicos mais utilizados na escolha de uma rocha a ser utilizada na construção civil? A seguir, as características que devem ser analisadas:

- **composição mineralógica:** (minerais que compõem cada rocha) e identificação do tipo de rocha;
- **textura:** modo como os minerais estão distribuídos;
- **estrutura:** refere-se à homogeneidade dos cristais, ou seja, as rochas devem apresentar as mesmas propriedades em amostras diferentes, e, ao choque do martelo, devem se quebrar em pedaços, e não em grãos, permitindo a obtenção de peças com formatos adequados.

Essas características influenciam diretamente nas propriedades da rocha:

- **durabilidade:** capacidade que tem o material de manter suas propriedades e desempenhar sua função no decorrer do tempo, dependendo de várias características, dentre as quais a porosidade e a permeabilidade. É desejável a obtenção de rochas com menor permeabilidade, por serem menos suscetíveis à ação de agentes agressivos;
- **dureza:** resistência ao risco, medida utilizando a Escala de Mohs, que vai de 1 a 10, classificando os materiais no sentido crescente de dureza, desde os menos resistentes ao risco até os mais resistentes;
- **estética:** depende da textura, da estrutura e da coloração da pedra, características que estão relacionadas aos minerais que a compõem;
- **massa específica:** relação entre a massa e o volume de um material. Rochas de melhor qualidade apresentam massas específicas maiores;
- **resistência mecânica:** resistência que a rocha oferece ao ser submetida a esforços mecânicos. Buscam-se rochas que apresentem elevada resistência à compressão e ao desgaste;
- **trabalhabilidade:** é a facilidade de se moldar a pedra de acordo com a necessidade de uso. Depende de fatores como a dureza e a homogeneidade da rocha. A serra de dentes pode ser utilizada nas rochas menos resistentes.

Você sabe quais são as rochas mais utilizadas na construção civil? Tudo depende da utilização! A seguir, você aprenderá mais sobre rochas ornamentais e sobre os agregados graúdo e miúdo.

4.2.1 Rochas ornamentais

São as rochas que apresentam beleza estética, um padrão contínuo na sua coloração (desenhos) e características técnicas dentro dos padrões aceitáveis pelas normas técnicas. Por exemplo, devem ser fáceis de trabalhar e possuir durabilidade.

Os ensaios mais importantes, designados "índices de qualidade", são: **análise petrográfica**, **índices físicos** (porosidade, absorção de água e densidade), **dilatação térmica linear**, **desgaste abrasivo Amsler**, **resistência à tração na flexão** e **resistência à compressão**.

As rochas ornamentais são utilizadas como material para revestimento em diversas aplicações, em áreas internas e externas: pisos, paredes, bancadas, pias, balcões, mesas etc.

Os principais tipos de rochas utilizados como ornamentais são granitos (rochas plutônicas), mármores (rochas metamórficas), basaltos (rochas vulcânicas), quartzitos, ardósias (rochas metamórficas de origem sedimentar) e conglomerados (rochas sedimentares). São extraídas em blocos e placas, sendo utilizadas principalmente em placas e/ou ladrilhos polidos.

Uma subdivisão das rochas ornamentais é conhecida como a das pedras naturais, em que estão incluídos arenitos, gnaisses, ardósias, quartzitos e calcários, utilizados em placas rústicas (sem acabamento superficial).

A seguir, são apresentadas, de modo simplificado, as principais características desses materiais:

▸ **ardósia:** é uma rocha metamórfica, originada a partir de rocha sedimentar. Apresenta boa resistência mecânica e propriedades de um isolante térmico. Como material de construção, é utilizada como rocha ornamental em coberturas de casas, pisos, tampos e bancadas. A Figura 4.6 apresenta uma formação rochosa de ardósia. Perceba que ela é extraída em placas.

Figura 4.6 - Ardósia.

- **arenito:** rocha sedimentar constituída principalmente por grãos de sílica ou quartzo, utilizada em revestimentos de paredes e pisos (mosaicos).

FIQUE DE OLHO!

O Parque Estadual de Vila Velha (PEVV), atualmente com 3.803 hectares, está localizado entre as coordenadas geográficas 25°13' de latitude Sul e 50°01' de longitude Oeste, no município de Ponta Grossa, Paraná. O PEVV tem o predomínio das rochas sedimentares.

O Arenito Vila Velha, com média de 50 m de espessura, é composto pelas rochas predominantes na parte leste do parque e sustenta os platôs e morros testemunhos em destaque na paisagem. É conhecido mundialmente pela presença do relevo ruiniforme, marcado por uma rica associação de formas, controladas por diferenças de cimentação e estruturas (falhas e fraturas), promovendo erosão diferenciada, que resulta em belas e curiosas esculturas naturais.

Figura 4.7 - Rochas do Parque Estadual de Vila Velha.

- **basalto:** é classificado como uma rocha ígnea vulcânica de grande utilização. As cores variam de cinza escuro a preto, com tonalidades avermelhadas/amarronzadas. É constituído principalmente por feldspato, e duas de suas características marcantes são a elevada resistência e a maior dureza entre as pedras mais utilizadas. Por isso, é utilizada como pedra britada em agregados asfálticos, para concretos e lastros de ferrovias. Assim como o granito, possui larga aplicação como pedra para calçamento e em outras formas de pavimentação. A Figura 4.8 apresenta um exemplar de basalto.

Figura 4.8 - Basalto.

- **calcários e dolomitos:** são rochas sedimentares carbonáticas compostas por mais de 50% de materiais carbonáticos. Sua principal aplicação na construção civil é como matéria-prima para a indústria cimenteira e de cal. Alguns dolomitos podem ser utilizados como brita e agregado para concreto. A Figura 4.9 apresenta uma amostra de calcário.

- **gnaisse:** rocha metamórfica composta principalmente de quartzo e feldspato. Deriva de rochas graníticas (granulometria média grossa), possui elevada resistência e é apropriada para a maioria dos propósitos da engenharia.

Figura 4.9 - Calcário.

- **granito:** para o setor de rochas ornamentais, o termo "granito" designa um amplo conjunto de rochas compostas predominantemente por quartzo e feldspato, que são materiais abundantes na natureza. O quartzo possui as cores incolor, leitosa e cinza, e o feldspato, as cores branca, cinza, rosa e avermelhada. As cores das rochas são fundamentalmente determinadas pelos seus constituintes mineralógicos. Assim, as tonalidades do granito variam de cinza à rosa/avermelhada. A cor negra, variavelmente impregnada na matriz das rochas, é conferida por teores de mica, que abrangem rochas homogêneas (granitos, dioritos, diabásios, basaltos) e as chamadas "movimentadas" (gnaisses). O granito apresenta homogeneidade, isotropia (mesmas propriedades, independentemente da direção dos minerais), alta resistência à compressão e baixa porosidade. A resistência ao desgaste será, normalmente, tanto maior quanto maior for a quantidade de quartzo na rocha. A Figura 4.10 apresenta uma rocha de granito.

Figura 4.10 - Granito.

> **mármore:** comercialmente, os mármores englobam os calcários (carbonato de cálcio), os dolomitos de origem sedimentar e seus correspondentes metamórficos, os mármores propriamente ditos. Mas o mais famoso dos mármores, o travertino, é oriundo de rochas calcárias de origem sedimentar ricas em carbonato de cálcio de coloração bege-amarelada e com características físicas muito heterogêneas, que lhe conferem uma estética diferenciada. E como se diferencia um mármore de um granito? O mármore pode ser riscado por canivetes ou pregos, mas o granito não. O mármore é utilizado em ambientes interiores, podendo ser aplicado em pisos e paredes, lavatórios, balcões, tampos e outros detalhes. A Figura 4.11 apresenta uma placa de mármore.

Figura 4.11 - Mármore.

> **quartzitos:** são rochas metamórficas que resultam do metamorfismo dos arenitos. Apresentam-se nas cores branca, vermelha e com tons de amarelo. São rochas duras, com alta resistência à britagem e ao corte, resistentes também a alterações causadas por sol e chuva. Como material de construção, são utilizadas em pisos e calçamentos.

A extração dos blocos é feita atualmente sem o uso de explosivos. Utilizam-se marteletes hidráulicos para executar uma série de furos que destacam o bloco. É um método mais seguro e com mínimo desperdício de matéria-prima. O bloco de rocha bruta recém-extraída da jazida pesa, em média, 30 toneladas. Cada bloco é carregado individualmente, por transporte rodoviário ou ferroviário, da jazida até o parque industrial. Os teares (máquinas de grande porte) cortam os blocos em chapas de 1,5 a 3 cm. São necessários de três a cinco dias de trabalho sem interrupções (24 horas por dia).

A Figura 4.12 apresenta (a) uma jazida de granito sendo explorada com o uso de um martelete hidráulico e (b) blocos de granito com formato de paralelepípedo.

As operações realizadas nas empresas que lidam com o beneficiamento de produtos de rocha estão destinadas ao acabamento do material serrado, ou seja, concluído com o polimento. No entanto, uma parte da produção de placas é submetida a um tratamento mais rústico. As opções de acabamento oferecidas são:

- **serrada simples:** placa simples com sinais de serra resultantes das operações de desdobramento do bloco;
- **serrada retificada:** placa plana e áspera, sem sinais de serra, obtida com a operação de retificação utilizando máquinas politrizes com abrasivos;
- **apicoada:** sobre uma face da placa retificada, executa-se o tratamento com pícola (várias pontas metálicas finas) para o surgimento de uma cor homogênea correspondente ao seu traço;
- **desengrossada:** o aplainamento da superfície da placa é executado com a utilização de politrizes que utilizam abrasivos grossos;
- **polida:** a placa plana passa por um processo de secagem no forno, recebe uma camada de resina para garantir a qualidade do acabamento e recebe polimento, com a utilização de politrizes com abrasivos sucessivamente mais finos.

Figura 4.12 - Perfuração em jazida de granito (a) e blocos de granito (b).

> **FIQUE DE OLHO!**
>
> Rochas claras, como os granitos brancos e, principalmente, os mármores de cores claras, estão mais sujeitas ao manchamento. Os principais cuidados com as placas residem em armazená-las em cavaletes de madeira ou concreto, em áreas cobertas (de modo que não tenham contato com água), e evitar batidas das placas nos cavaletes durante o transporte e a movimentação.

A Figura 4.13 apresenta (a) blocos de granito com as marcas dos furos feitos pelos marteletes hidráulicos e (b) bloco de granito cortado em placas, após ser processado pelo tear mecânico.

O cuidado deve ser redobrado na movimentação de peças prontas, pois o custo sobre elas é em torno de três vezes maior do que o custo sobre as placas, visto que envolve tempo, mão de obra, insumos e matéria-prima. É importante que as placas de rochas, quando transportadas, estejam apropriadamente embaladas. Se não for possível, recomenda-se que as peças, durante o transporte para o canteiro da obra, sejam mantidas na posição vertical; não devem estar em contato, em qualquer uma de suas extremidades, verso ou anverso, com água ou umidade, ou com qualquer tipo de substância agressiva, até o momento do assentamento; e devem-se utilizar duas ou mais tiras de espaçadores (filmes ou laminados plásticos) entre elas.

Figura 4.13 - Blocos de granito recém-extraídos (a) e chapas cortadas (b).

A Figura 4.14 apresenta placas de granito estocadas em posição inclinada.

Figura 4.14 - Placas de granito estocadas.

4.2.2 Agregados para concreto

Na área de construção civil, o material denominado agregado, granuloso e inerte entra na composição das argamassas e dos concretos, preenchendo 85% do volume e reduzindo o custo da obra sem causar prejuízo à resistência mecânica dos elementos das edificações. Os produtos mais usuais extraídos de rochas são de origem natural, como areias e seixos. A Figura 4.15 apresenta (a) areia - agregado miúdo e (b) seixos - agregado graúdo.

Figura 4.15 - Areia (a) e seixos (b).

A brita ou pedra britada para construção civil é o produto do processo de cominuição de vários tipos de rochas. Brita é um termo utilizado para denominar fragmentos de rochas duras, originários dos processos de beneficiamento (britagem e peneiramento) de blocos maiores, extraídos de maciços rochosos (granito, gnaisse, basalto, calcário) com o auxílio de explosivos.

Os agregados graúdos naturais (seixos de rio) não possuem ângulos e são geralmente arredondados, o que acarreta um aumento de fluidez da pasta por conta do menor atrito entre as partículas do agregado. Já os agregados britados possuem menor fluidez, por causa do travamento existente entre seus ângulos obtidos no processo de britagem.

Pedreiras para produção de pedra britada costumam ter vida bastante longa. São comuns os casos em que elas estão em produção há mais de 30 anos. A mineração de rocha para brita não traz graves danos ambientais, se comparada com a extração de minerais metálicos. O problema mais notório é o paisagístico, principalmente por estarem as pedreiras situadas próximas a centros urbanos.

A produção de rocha para brita envolve desmonte de rocha, britagem e classificação. Nas operações unitárias de perfuração, desmonte, carregamento e transporte, a evolução da atividade segue os mesmos padrões de qualquer mineração de rocha dura. Na perfuração da rocha, utilizam-se perfuratrizes hidráulicas, e, no desmonte por explosivos, uma emulsão bombeada vem tomando o lugar de explosivos encartuchados.

A Figura 4.16 apresenta (a) explosão em uma pedreira e (b) marcas de perfuração nas rochas.

Figura 4.16 - Explosão na pedreira (a) e rocha após a explosão (b).

A Figura 4.17 apresenta (a) o sistema produtivo de extração de brita e (b) correias transportando brita.

Figura 4.17 - Sistema produtivo de extração de brita (a) e correias transportadoras (b).

Os produtos de pedreiras são: rachão, gabião, brita graduada, brita corrida, pedra (ou brita) 1, pedra (ou brita) 2, pedra (ou brita) 3, pedra (ou brita) 4, pedra (ou brita) 5, pedrisco (ou brita 0), pó de pedra e areia de brita. A Tabela 4.1 apresenta a distribuição granulométrica de agregados graúdos e miúdos.

Tabela 4.1 - Distribuição granulométrica de agregados graúdos e miúdos

Distribuição granulométrica – ABNT 7211:2009	
Material	Faixa granulométrica (mm)
Agregado miúdo	
Pó de pedra ou areia artificial	150 μm a 4,75 (ótmo)
	150 μm a 6,3 (utilizável)
Agregado graúdo	
Pedrisco limpo (pedra 0)	4,75 a 12,5
Pedrisco misto	150 μm a 12,5
Pedra 1	9,5 a 25
Pedra 2	19 a 31,5
Brita graduada	150 μm a 25
Brita corrida	150 μm a 45
Pedra 3	25 a 50
Pedra 4	37,5 a 75
Rachãzinho	50 a 75
Rachão gabião	75 a 125
Rachão	125 a 450

Fonte: Polimix Agregados. Normas técnicas. Disponível em: <http://www.polimixagregados.com.br/s/normastecnicas.php>. Acesso em: 25 out. 2019.

O uso do pó de pedra em argamassa e concreto depende basicamente, ignorando aspectos econômicos, das seguintes variáveis:

- granulometria do material, especialmente da fração abaixo de 0,075 mm;
- natureza mineralógica do material pétreo utilizado como matéria-prima;
- presença ou não de contaminação de materiais do tipo argiloso.

A Figura 4.18 apresenta (a) brita e (b) pó de pedra.

Existem ainda alguns subprodutos de atividades industriais que são utilizados como agregados, como é o caso da escória de alto forno, um resíduo resultante da fabricação de ferro gusa. A Figura 4.19 apresenta uma grande diversidade de formatos e cores.

(a)

(b)

Figura 4.18 - Brita (a) e pó de pedra (b).

Figura 4.19 - Escória de alto forno.

A escória de alto forno é utilizada nas formas seguintes: bruta britada (agregado graúdo), granulada (agregado miúdo) e granulada moída (substituto parcial do cimento). O resíduo industrial está disponível em quantidades significativas nos pátios das grandes siderúrgicas. O uso de escória melhorou a resistência mecânica e a deformação em relação ao uso de concreto convencional.

A classificação para os agregados é normatizada pela NBR 7211, de acordo com o tamanho dos grãos. Os agregados podem ser classificados em:

- **agregado miúdo:** material cujos grãos, em sua maioria, passem pela peneira ABNT 4,75 mm, mas fiquem retidos na peneira de malha 150 μm. As areias são os principais exemplos de agregado miúdo.
- **agregado graúdo:** material cujos grãos passem pela peneira de malha nominal 75 mm, mas fiquem retidos na peneira ABNT 4,75 mm. Cascalho e britas são exemplos de agregados graúdos.

É necessário estudar tais propriedades do concreto com ênfase no agregado graúdo, porque essa fração inerte representa cerca de 80% da composição de um concreto e contribui predominantemente para sua massa específica, seu módulo de elasticidade e sua estabilidade dimensional.

4.3 Cimento

O cimento utilizado no concreto armado é denominado cimento Portland. O cimento Portland comum é um aglomerante hidráulico produzido pela moagem do clínquer, que consiste basicamente em silicatos de cálcio hidráulicos, com uma ou mais formas de sulfato de cálcio como um produto de adição.

Os clínqueres são nódulos de 5 a 25 mm de diâmetro de um material sinterizado, produzido pelo cozimento, até fusão incipiente (± 30% de fase líquida), de uma mistura de calcário e argila, que é dosada e homogeneizada, de tal forma que toda a cal se combine com os compostos argilosos, sem que após o cozimento resulte cal livre em quantidade prejudicial.

Portanto, os elementos necessários para a fabricação do cimento Portland são:

(calcário) + (argila) + (matérias-primas corretivas) = (clínquer) + (gesso) +
(*filler*, escória e/ou pozolana) = Cimento Portland

Os compostos do cimento Portland são produtos de reações a altas temperaturas e que estão desequilibradas. Por isso, estão em um estado de energia elevado. Quando o cimento é misturado com a água (fica hidratado), os compostos reagem para atingir estados estáveis de baixa energia, e esse processo gera a liberação de energia na forma de calor.

Assim, a reação que conduz ao que chamamos de "pega e endurecimento do cimento" é exotérmica, isto é, conduz à elevação da temperatura da massa. O calor de hidratação do cimento em tecnologia do concreto pode, muitas vezes, ser um problema, como no caso de grandes volumes de concreto.

Os tipos de cimento estão apresentados na Tabela 4.2.

Tabela 4.2 - Tipos de cimento

Denominação técnica	Denominação comercial	Sigla	Classe (MPa)	Clínquer + sulfato de cálcio	Escória granulada de alto forno	Material pozolânico	Material carbonático
CP comum	CP comum	CP I	25	100	-	-	-
	CP comum + adição	CP I-S	32 40	99-95	1-15		
CP composto	CP composto com escória	CP II-E	25 32 40	94-56	6-34	-	0-10
	CP composto com pozolana	CP II-Z		94-76	-	6-14	0-10
	CP composto com *filler*	CP II-F		94-90	-	-	6-10
CP de alto forno	CP de alto forno	CP III	25/32/40	65-25	35-70	-	0-5
CP pozolânico	CP pozolânico	CP IV	25/32	85-45	-	15-50	0-5
CP de alta resistência inicial	CP de alta resistência inicial	CP V-ARI	Mínimo 34 MPa aos 7 dias	100-95	-	-	0-5

CP: cimento Portland.

É importante observar, no cimento Portland, também, as seguintes características:

a. O cimento ARI (alta resistência inicial) deve apresentar finura maior que os demais (máximo de 6% retido na peneira #200 e área específica > 300 m²/kg).

b. O cimento Portland composto é apresentado nas versões CP II - E, com até 34% de escória, CP II-Z, com até 14% de pozolana, e CP II-F, que é simples, mas todos possuem ainda até 10% de *filler*.

c. O cimento ARS (alta resistência aos sulfatos) só é apresentado na classe 20 (20 MPa de resistência à compressão no ensaio normal).

d. O cimento CP III, de alto forno, deve apresentar teor de escória entre 35 e 70% da massa total do aglomerante.

e. O cimento Portland pozolânico deve conter teores de materiais pozolânicos compreendidos entre 15 e 50% da massa total do cimento.

4.3.1 Aplicações dos cimentos

As aplicações dos cimentos são definidas conforme suas características químicas e de resistência mecânica. A seguir, são apresentadas as aplicações conforme o tipo de cimento.

Cimento Portland comum CP I e CP I-S (NBR 5732)

Ambos os tipos do cimento Portland comum (CP I e CP I-S) são usados em trabalhos de construção civil em geral, quando não são exigidas propriedades especiais do cimento utilizado. Eles não devem ser utilizados quando há exposição a sulfatos do solo ou de águas subterrâneas. O cimento CP I-S se difere do CP I porque possui adições de 5% em massa, que podem ser de material pozolânico, escória granulada de alto forno ou de *filler* calcário.

Cimento Portland composto CP II-Z (com material pozolânico - NBR 11578)

O cimento Portland composto CP II-Z gera calor em uma velocidade menor do que a do cimento Portland comum. Seu uso, portanto, é recomendado em grandes quantidades de lançamentos de concreto, em que o grande volume da concretagem e a superfície relativamente pequena reduzem a capacidade de resfriamento da massa de concreto. Esse cimento também apresenta melhor resistência ao ataque dos sulfatos contidos no solo (essa característica se aplica também aos compostos CP II-E e CP II-F). É empregado não somente em obras em geral, subterrâneas, marítimas e industriais, mas também na produção de argamassas, de concreto simples, armado e protendido, de elementos pré-moldados e de artefatos de cimento. O concreto feito com esse produto é menos permeável e, por isso, mais durável.

Cimento Portland composto CP II-E (com escória granulada de alto forno - NBR 11578)

O cimento Portland composto CP II-E é a composição intermediária entre o cimento Portland comum e o de alto forno. É recomendado para estruturas de concreto que exigem um desprendimento de calor moderadamente lento, ou estruturas de concreto que possam ser atacadas por sulfatos.

Cimento Portland composto CP II-F (com adição de *filler* calcário - NBR 11578)

O cimento Portland composto CP II-F, além de servir para aplicações gerais, pode ser usado no preparo de: argamassas de assentamento ou revestimento; argamassa armada; concreto simples, armado, protendido, projetado, rolado ou magro; concreto-massa; elementos pré-moldados e artefatos de concreto; pisos e pavimentos de concreto; solo-cimento, entre outros.

Cimento Portland de alto forno CP III (com 35% a 70% de escória - NBR 5735)

O cimento Portland de alto forno CP III apresenta maior impermeabilidade e durabilidade, além de baixo calor de hidratação e alta resistência à expansão, por conta da reação álcali-agregado. É também resistente a sulfatos. É um cimento que pode ser aplicado em: argamassas de assentamento ou revestimento; argamassa armada; argamassa de concreto simples, armado, protendido, projetado, rolado ou magro, entre outras. Também é recomendado para uso em obras de grande volume de concreto (concreto-massa), como barragens, peças de grandes dimensões, fundações de máquinas, pilares, obras em ambientes agressivos, tubos e canaletas para condução de líquidos agressivos, esgotos e efluentes industriais, concretos com agregados reativos, pilares de pontes ou obras submersas, pavimentação de estradas e pistas de aeroportos.

Cimento Portland pozolânico CP IV (com pozolana - NBR 5736)

O cimento Portland pozolânico CP IV pode ser utilizado em obras em geral, mas é especialmente indicado para obras expostas à ação de água corrente e a ambientes agressivos. O concreto feito com esse cimento se torna mais impermeável e mais durável, apresentando resistências mecânicas à compressão superiores às de concretos feitos com cimento Portland comum a idades avançadas. Este cimento apresenta características particulares que favorecem sua aplicação em casos de grande volume de concreto, por causa do baixo calor de hidratação desprendido.

Cimento Portland CP V-ARI (alta resistência inicial - NBR 5737)

O cimento Portland CP V-ARI apresenta valores de resistência à compressão maiores que os especificados pelas normas técnicas, das ordens de 26 MPa, a um dia de idade, e de 53 MPa, a 28 dias (as normas técnicas indicam os valores mínimos de 14 MPa, 24 MPa e 34 MPa para 1, 3 e 7 dias). O CP V-ARI é recomendado para o preparo de concreto e argamassa para produção de artefatos de cimento em indústrias de médio e pequeno porte, como fábricas de blocos de alvenaria, blocos para pavimentação, tubos, lajes, meios-fios, mourões, postes e elementos arquitetônicos pré-moldados e pré-fabricados. Pode ser utilizado, também, no preparo de concreto e argamassa em obras, desde pequenas construções até edificações de maior porte, e em todas as aplicações que necessitem de resistência inicial elevada e desforma rápida. O desenvolvimento dessa propriedade é conseguido pela utilização de uma dosagem diferente de calcário e argila na produção do clínquer (que resulta em elevação dos conteúdos de alita e C3A) e pela moagem mais fina do cimento. Assim, ao reagir com a água, o CP V-ARI adquire elevadas resistências com maior velocidade.

Cimento Portland CP-RS (resistente a sulfatos - NBR 5733)

O cimento CP-RS oferece resistência aos meios agressivos sulfatados, como redes de esgotos ou de águas servidas de indústrias, água salgada do mar e alguns tipos de solos mais ácidos. Pode ser usado em concreto dosado em central, concreto de alto desempenho, obras industriais e de recuperação estrutural, concretos projetados, concreto armado e protendido, elementos pré-moldados, pisos industriais, pavimentos, argamassa armada e argamassas e concretos submetidos ao ataque de meios agressivos (como estações de tratamento de água e esgotos e obras em regiões litorâneas, subterrâneas e marítimas). De acordo com a norma NBR 5737 (ABNT, 1992), os cinco tipos básicos de cimento - CP I, CP II, CP III, CP IV, e CP V-ARI - podem ser resistentes aos sulfatos, desde que atendam a, pelo menos, uma das seguintes condições:

- teor de aluminato tricálcico (C3A) do clínquer e teor de adições carbonáticas de no máximo 8% e 5% em massa, respectivamente;
- cimentos do tipo alto forno que contiverem entre 60% e 70% de escória em massa;
- cimentos pozolânicos que contiverem entre 25% e 40% de material pozolânico em massa;
- cimentos que tiverem antecedentes de resultados de ensaios de longa duração ou de obras que comprovem resistência aos sulfatos.

Cimento Portland de baixo calor de hidratação (BC) (NBR 13116)

O cimento Portland de baixo calor de hidratação (BC) é nomeado por siglas e classes de seu tipo acrescidas de BC. Por exemplo: CP III-32 (BC) é o cimento Portland de alto forno com baixo calor de hidratação, determinado pela sua composição. Esse tipo de cimento tem a propriedade de retardar o desprendimento de calor em peças de grandes massas de concreto, evitando o aparecimento de fissuras de origem térmica em razão do calor desenvolvido durante a hidratação do cimento.

Cimento Portland branco CPB (NBR 12989)

O cimento Portland branco se diferencia dos outros tipos de cimento Portland por sua coloração branca, e está classificado em dois subtipos: estrutural e não estrutural. O estrutural é aplicado em concretos brancos com objetivos arquitetônicos, com classes de resistência 25 MPa, 32 MPa e 40 MPa, similares às dos demais tipos de cimento Portland. Já o cimento Portland branco não estrutural não tem indicações de classe e é usado, por exemplo, em rejuntamento de azulejos e outras aplicações não estruturais. Este cimento pode ser utilizado nas mesmas aplicações do cimento cinza. A cor branca é obtida a partir de matérias-primas com baixos teores de óxido de ferro, em condições especiais durante a fabricação, como resfriamento e moagem do produto, e, principalmente, utilizando o caulim no lugar da argila. O índice de brancura deve ser maior que 78%. O cimento branco oferece a possibilidade de escolha de cores, uma vez que pode ser associado a pigmentos coloridos.

4.3.2 Ensaios de recepção do cimento

Os ensaios para recepção do cimento são:

A - Finura (peneiras #200 e #325 e área específica Blaine);

B - Início e fim de pega;

C - Expansibilidade (estabilidade de volume);

D - Resistência à compressão.

A - Ensaios de finura

As dimensões dos grãos do cimento Portland podem ser avaliadas por meio de vários ensaios. Os mais comuns são:

a. **peneiramento - NBR 11579 (ABNT MB-3432)**: a peneira empregada no ensaio é a ABNT 0,075 mm (#200), que deve satisfazer à norma NBR 5734 (EM-22). A norma indica que, para o CP comum, o resíduo máximo deve ser de 15% para os tipos 250 e 320; e de 10% para o tipo 400;

a. **superfície específica Blaine - NBR NM 76:** com os seguintes valores mínimos:

CPC tipo 250	2.400 cm^2/g
POZ tipo 250	2.500 cm^2/g
CPC tipos 320 e 400, AF tipo 250, MRS e ARS	2.600 cm^2/g
AF tipo 320	2.800 cm^2/g
POZ tipo 320	3.000 cm^2/g
ARI	3.000 cm^2/g

B1 - Ensaio de início de pega

A pega é definida como o tempo de início do endurecimento. Ela ocorre quando a pasta começa a perder sua plasticidade.

O tempo de início de pega, conforme a NBR NM 65, deve ser, no mínimo, de 1 hora. Essa informação possibilita avaliar o tempo em que as reações que provocam o início do endurecimento do concreto não são perturbadas pelas operações de transporte, colocação nas formas e adensamento. Em obras especiais, como barragens, em que o adensamento do concreto entre duas camadas contíguas toma mais tempo, usa-se, na fabricação do concreto, um aditivo retardador de início de pega.

B2 - Ensaio de fim de pega

O fim da pega se dá quando a pasta se solidifica totalmente, não significando, no entanto, que ela tenha adquirido toda a sua resistência, o que só será conseguido após anos.

O tempo de fim de pega, conforme a NBR NM 65, deve ser, no máximo, de 10 horas. Esse ensaio é facultativo.

C - Ensaio de expansibilidade (agulhas de Le Chatelier)

A presença elevada de MgO no cimento poderá, em certos casos, provocar efeitos expansivos no concreto, e o mesmo pode ocorrer com a presença de cal livre (CaO) no clínquer. Os efeitos eventualmente nocivos causados pela presença elevada de MgO, de CaO livre e, às vezes, de CaSO4 são detectados de modo geral por meio de ensaios acelerados, entre os quais o das agulhas de Le Chatelier, previsto nas normas NBR 5732, NBR 5733, NBR 5735, NBR 5736 e NBR 5737 (EB-1/77, EB-2/74, EB-208/74, EB-758/74 e EB-903/77).

Este ensaio é feito a frio e a quente, com pasta preparada com o cimento em exame, e o afastamento medido nas extremidades das agulhas deve ser inferior a 5 mm. O ensaio a frio não é exigido pela NBR 5732 (EB-1/77). Trata-se de um ensaio simples:

a. quando realizado a frio, evidencia a presença de quantidade excessiva de cal livre e/ou sulfato de cálcio;

b. quando realizado a quente, indica presença anormal de cal livre e/ou magnésio, em forma de periclásio.

D - Ensaio de resistência à compressão

A resistência à compressão é uma das características mais importantes do cimento Portland, sendo determinada em ensaio normal descrito na NBR 7215 (MB-1).

Os cimentos CPC, AF, POZ, ARS, MRS e ARI devem apresentar, no mínimo, as resistências apresentadas nas Tabelas 4.3 a 4.7.

Tabela 4.3 - Resistência do cimento Portland comum CPC (MPa)

Dias	Tipo 25 MPa	Tipo 32 MPa	Tipo 40 MPa
3	8	10	14
7	15	20	24
28	25	32	40

Tabela 4.4 - Resistência do cimento Portland de alto forno AF (MPa)

Dias	Tipo 25 MPa	Tipo 32 MPa
3	8	10
7	15	18
28	25	32

Tabela 4.5 - Resistência do cimento Portland pozolânico POZ (MPa)

Dias	Tipo 25 MPa	Tipo 32 MPa
3	7	10
7	15	18
28	25	32
90	32	40

Tabela 4.6 - Resistência do cimento Portland de alta resistência a sulfatos ARS e do cimento Portland de moderada resistência a sulfatos e moderado calor de hidratação MRS (MPa)

Dias	ARS MPa	MR MPa
3	-	7
7	10	13
28	20	25

Tabela 4.7 - Resistência do cimento Portland de alta resistência inicial ARI (MPa)

Dias	ARI MPa
3	11
7	22
28	31

4.4 Aços para concreto armado

A liga mais utilizada na construção civil é o aço, por sua grande utilização como armação no concreto armado.

Conforme a quantidade de carbono presente na composição da liga, temos a seguinte classificação e denominações: aço, entre 0,2 e 1,7% de carbono.

Os aços estruturais para concreto armado podem ser classificados em três grupos principais:

- aços de dureza natural, laminados a quente;
- aços encruados a frio;
- aço *patenting*.

Os aços de dureza natural são os denominados "aços comuns", CA-25 (limite de escoamento de 250 MPa), CA-32, CA-40, CA-50 e CA-60, sendo os dois últimos quase os únicos fabricados atualmente.

Os **aços de dureza natural**, laminados a quente não sofrem tratamento após a laminação. Suas características elásticas são alcançadas apenas pela composição química adequada, com ligas de C, Mn, Si e Cr. Em geral, são caracterizados pela existência de um patamar de escoamento no diagrama tensão-deformação e por grandes deformações de ruptura no ensaio de tração. Como são laminados a quente, não perdem suas propriedades se forem aquecidos. Por isso, podem ser soldados e não sofrem demasiadamente com a exposição a chamas moderadas, em caso de incêndio.

Os **aços encruados a frio** são originalmente aços de dureza natural que passam por algum processo mecânico para se conseguir um aumento de resistência. Os processos mais utilizados são os de tração e de torção.

Os aços encruados por tração são denominados aços trefilados. No processo de trefilação, há uma compressão diametral do fio durante sua passagem pela fieira a uma tração elevada, ambas respondendo pela mudança da textura do aço e pelo aumento de sua resistência. Esse aumento é conseguido por conta da grande perda de tenacidade. O alongamento de ruptura diminui de 20 para um valor entre 6% e 8%.

Os aços encruados por torção devem ter assegurado um valor mínimo do alongamento de ruptura, que é fixo na EB-3 de acordo com a categoria do aço, e vale:

- 5% para aços CA-60 B;
- 6% para aços CA-50 B;
- 8% para aços CA-40 B.

Pode parecer estranho exigir 8% em um caso e satisfazer-se com 5% em outro, ou então exigir duas unidades a mais para os aços de dureza natural. Acontece que este alongamento de ruptura está relacionado ao ensaio de dobramento, e, não sendo obedecido, o aço vai romper ao ser dobrado em torno do pino especificado. Esse é o motivo pelo qual o diâmetro do pino em torno do qual deve ser possível o dobramento a 180° vai crescendo à medida que o alongamento de ruptura exigido vai diminuindo.

O **aço *patenting*** é utilizado em concreto protendido e não será abordado neste livro.

4.4.1 Nomenclatura dos aços para concreto armado

As especificações dos aços estabelecem uma distinção entre barras, fios e cordoalhas.

- **Barras:** são obtidas por laminação a quente, com bitola 5 mm ou superior, podendo sofrer posteriormente um encruamento a frio.
- **Fios (ou arames):** são obtidos por trefilação ou processo equivalente, com bitola 12,5 mm ou inferior.
- **Cordoalhas:** são um conjunto (feixe) de fios torcidos, utilizadas em concreto protendido.
- **Bitola:** é a designação de um fio ou de uma barra de determinado peso por unidade de comprimento. O número com que é designada a bitola representa o valor arredondado, em milímetros, do diâmetro da seção transversal nominal. Esta é a seção circular de uma barra fictícia que possui o mesmo peso por metro linear, feita com aço de peso específico a 78,5 kN/m³.

4.4.2 Tensões nos aços para concreto armado

Os aços que podem ser fabricados para uso em concreto armado (CA) são indicados por CA seguido dos números 25, 32, 40, 50 ou 60, que representam a tensão de escoamento (classe A) ou o limite convencional a 0,2% de deformação permanente, em kgf/mm². Esse valor é designado por f_{yk}, em que o índice **y** indica o escoamento (*yield point* = ponto de escoamento) e o índice **k** indica que se trata de um valor característico.

No ensaio de tração, os diferentes aços devem apresentar os seguintes resultados mínimos:

Tensão de escoamento:

- CA 25 - 25 kgf/mm²
- CA 32 - 32 kgf/mm²
- CA 40 - 40 kgf/mm²
- CA 50 - 50 kgf/mm²
- CA 60 - 60 kgf/mm²

Tensão de ruptura mínima:

- CA 25 - 50% mais
- CA 32 - 30% mais
- CA 40 - 10% mais
- CA 50 - 10% mais
- CA 60 - 10% mais

Alongamento mínimo em 10Ø:

- CA 25 - 18%
- CA 32 - 14%
- CA 40 - 10%
- CA 50 - 8%
- CA 60 - 7%

No ensaio de dobramento a 180°, o diâmetro do pino deverá ser:

- CA 25 - 1 a 2Ø
- CA 32 - 2 a 3Ø
- CA 40 - 3 a 4Ø
- CA 50 - 4 a 5Ø
- CA 60 - 5 a 6Ø

Aderência

Quanto maior for a solicitação do aço no concreto, mais abundantes devem ser as saliências ou mossas. As normas técnicas indicam que as saliências não devem permitir a rotação da barra dentro do concreto. Além disso, são estudadas de maneira a não haver concentração de tensões prejudicando a resistência à aderência ao concreto. Assim, a aderência é a transferência da carga aplicada em uma barra para o concreto que a circunda, possibilitando a fissuração do concreto em várias seções. Quando a aderência é boa, aparecem muitas microfissuras, mas, quando é ruim, aparecem poucas fissuras de maiores dimensões, o que é ruim, pois desprotege-se a armadura.

4.5 Ensaios para o recebimento do concreto na obra

Conforme a NBR 12655, o responsável pelo recebimento do concreto é o proprietário da obra ou o responsável técnico pela obra, designado pelo proprietário. É importante lembrar que a documentação que comprova a execução dessa norma técnica deve estar disponível no canteiro de obra durante toda a execução da obra, ou arquivada na central dosadora de concreto.

No documento de entrega do concreto, é importante conferir:

- quantidade de volume do concreto;
- classe de agressividade;
- valor do Abatimento do Tronco de Cone (*slump test*);
- tensão característica do concreto - fck, ou consumo de cimento/m³;
- existência de aditivo, quando solicitado;
- quantidade de água.

O ensaio de Abatimento do Tronco de Cone (*slump test*) permite saber se foi utilizada quantidade de água além da quantidade prevista. É um ensaio limitado, que expressa a trabalhabilidade do concreto por meio de um único parâmetro.

FIQUE DE OLHO!

O aumento da quantidade de água no concreto modifica suas características, como tempo de cura e porosidade. A diminuição da quantidade de água torna o concreto mais seco, dificultando sua aplicação e criando nichos e vazios na peça concretada.

O ensaio de Abatimento do Tronco de Cone (*slump test*), conforme a NBR 7223, é realizado da seguinte forma:

- **Para o concreto preparado na obra:**
  - o ensaio de consistência deve ser realizado quando ocorrer alteração na umidade dos agregados, na primeira amassada do dia, ao reiniciar o preparo após interrupção de 2h, na troca dos operadores e cada vez que forem moldados corpos de prova.
- **Para o concreto preparado por central dosadora:**
  - o ensaio deve ser realizado a cada betonada.
- **Realização do ensaio segundo a NBR NM 67:**
  - o local do ensaio deve ser plano, sem vibrações e regular;
  - a amostra deve ser coletada em um recipiente não absorvente, sem furo, limpo e umedecido;
  - a quantidade coletada deve ser de pelo menos 1,25 a 1,50 × 5,5 litros;
  - a amostra é coletada após a adição total de água na betoneira;
  - o tempo entre a coleta e o início do ensaio de abatimento deve ser de aproximadamente 5 minutos.

▶ **Realização do ensaio *in loco*:**

- na primeira camada, metade dos golpes deve ser dada próxima à parede interna do molde;
- no adensamento das camadas restantes, a haste deverá penetrar até ser atingida a camada anterior;
- após o adensamento, deve-se retirar o complemento;
- para a desmoldagem: elevar o molde pelas alças;
- o abatimento é a distância, em mm, entre a haste do socamento e o centro da amostra.

FIQUE DE OLHO!

O ensaio deverá ser refeito se houver desmoronamento ou deslizamento, ou se houver dúvidas sobre o resultado obtido.

Se o abatimento obtido no ensaio estiver de acordo com o especificado na nota fiscal, o caminhão será liberado.

Amostragem do concreto - moldagem dos corpos de prova cilíndricos de concreto (NBR 5738):

▶ a amostra deve ser colhida entre 15 e 85% do volume total do concreto;
▶ a coleta deve ser feita cortando o fluxo de descarga;
▶ os moldes devem estar limpos e untados, e devem ser colocados sobre uma base nivelada;
▶ os moldes devem ficar em local protegido;
▶ um corpo de prova bem moldado não deve apresentar "nichos" ou vazios de concretagem;
▶ após a retirada da amostra, o prazo máximo para a moldagem deve ser de 15 minutos;
▶ deve-se misturar bem o concreto antes de colocá-lo no molde;
▶ a moldagem não deve sofrer interrupções.

Instrumentos necessários para a amostragem:

▶ moldes metálicos de formato cilíndrico, com 100 mm e 150 mm de diâmetro, e altura de 200 mm e 300 mm, respectivamente;
▶ haste de socamento: barra de aço reta, com 600 mm de comprimento e 16 mm de diâmetro;
▶ concha confeccionada em material rígido não absorvente;
▶ colher de pedreiro.

Exemplares (corpos de prova de concreto):

▶ cada exemplar é constituído por dois corpos de prova da mesma amassada, conforme a NBR 5738, para cada idade do rompimento, moldados no mesmo ato;
▶ toma-se como resistência do exemplar o maior dos dois valores obtidos no ensaio.

A Tabela 4.8 indica as camadas e os golpes para cada tipo de situação.

Tabela 4.8 - Número de camadas e golpes de socamento

Tipo de molde	Tipo de adensamento	Dimensão básica d (mm)	Número de camadas	Número de golpes por camada
Cilíndrico	Manual	100	2	15
		150	4	30
		250	5	75
	Vibratório (penetração da agulha até 200 mm)	100	1	-
		150	2	
		250	3	
		450	5	
Prismático	Manual	150	2	17 golpes a cada 10.000 mm² de área
		250	3	
	Vibratório	150	1	-
		250	2	
		450	3	

FIQUE DE OLHO!

A altura das camadas não deve exceder 100 mm quando o adensamento for manual, e 200 mm quando o adensamento for vibratório.

Moldagem dos corpos de prova cilíndricos de concreto (NBR 5738):

- devem ser moldados em local próximo àquele em que serão armazenados nas primeiras 24 horas, não podendo haver transporte;
- após a retirada da amostra, o prazo para moldagem deve ser de 15 minutos;
- a moldagem do corpo de prova, uma vez iniciada, não deve sofrer interrupção;
- os corpos de prova nos moldes devem ser colocados em ambientes sem perturbações e em temperatura ambiente por 24 horas;
- após esse período, devem-se identificar os corpos de prova e transferi-los para o laboratório, no qual serão rompidos para testar sua resistência.

Consideram-se dois tipos de controle da resistência (NBR 12655):

- controle estatístico do concreto por amostragem parcial;
- controle do concreto por amostragem total.

Para cada um deles, é prevista uma forma de cálculo do valor estimado da resistência característica fckest dos lotes do concreto.

> **/// AMPLIE SEUS CONHECIMENTOS**
>
> A matemática é muito importante para o concreto armado. Quando precisamos substituir uma determinada bitola de aço por outras menores, devemos observar que a soma das áreas das novas barras deve ser igual ou maior que a área da barra original. Por exemplo, suponha que queiramos substituir uma barra de 12,5 mm por uma de 10 mm mais outra de 8 mm:
>
> 12,5 mm (área = 1,25 cm²) = 10 mm (0,80 cm²) + 8 mm (0,50 cm²)
> Assim, 1,25 cm² < 0,80 cm² + 0,50 cm² = 1,30 cm²

> **FIQUE DE OLHO!**
>
> Nunca adicione água após o início da concretagem, pois isso reduzirá a resistência final do concreto. O controle tecnológico é necessário para assegurar a qualidade do material produzido. É muito importante ter conhecimento de todas as normas técnicas sobre o assunto.

4.6 Aditivos para concreto

A composição básica do concreto inclui cimento, água e agregados. Mas, para melhorar a maleabilidade e a resistência do material, utilizamos outro elemento: os **aditivos**, que podem ser vários. A escolha varia de acordo com o resultado que se deseja obter na obra.

Desde a década de 1980, a indústria de produtos químicos para a construção civil vem sendo desenvolvida a partir do avanço da produção do concreto no Brasil.

O uso de aditivos químicos é fundamental para a melhoria de determinadas propriedades do concreto, tanto no estado fresco quanto no endurecido. Isso permite que o material seja utilizado de diversas formas, com vantagens técnico-econômicas e ambientais, por diminuir o consumo de água e de cimento. Explicamos: aditivos são produtos adicionados ao concreto ou a argamassas para modificar suas propriedades físicas. Assim, é possível manuseá-lo ou empregá-lo em obras de forma menos complicada. Oferecem ainda benefícios que naturalmente não são obtidos no tratamento normal.

Os aditivos são incorporados na mistura de cimento, água, areia e brita para que o concreto possa ter características especiais. Os aditivos para concreto conseguem aumentar a durabilidade do produto final, principalmente por reduzirem a relação água × cimento. Porém, a última geração de superplastificante à base de nanosílica estabilizada pode agregar outras qualidades, além da redução de água.

O uso de aditivos em concretos é tão antigo quanto o do próprio cimento. De acordo com estudiosos da área, acredita-se que os romanos e os incas já adicionavam clara de ovo, sangue, banha ou leite aos concretos para melhorar as misturas e dar melhor resultado ao trabalho final.

No Brasil, o emprego desse material pode ser observado em várias obras históricas, igrejas e pontes. O óleo de baleia era usado na argamassa de assentamento das pedras para plastificá-las.

A decisão por utilizar aditivos químicos na fabricação de produtos de cimento, porém, exige análise técnico-econômica mais profunda e cuidadosa.

Atualmente, estima-se que quase 90% do concreto industrial, produzido em centrais de concreto e na indústria de pré-moldados, utilizam aditivos. Em outras indústrias de artefatos de cimento, como as de blocos vazados e pisos pré-fabricados e telhas de concreto, os aditivos químicos também costumam ser muito utilizados, mas com funções diferentes, por trabalharem com concreto seco, moldado por vibração e desformado em ciclos, no caso dos blocos. Os fabricantes de blocos de concreto costumam usar o aditivo lubrificante, que permite reduzir a quantidade de água e lubrifica a fôrma, facilitando a desforma dos produtos. Um dos erros comuns de muitos fabricantes de blocos é a redução excessiva da quantidade de água, que facilita a desforma, mas prejudica a qualidade do produto e os ciclos da máquina.

O lubrificante permite reduzir a quantidade de água, mas mantém a compactação, o adensamento e a qualidade do bloco, facilitando a desforma, sem prejudicar o equipamento de produção.

Veja, a seguir, algumas normas da ABNT relativas aos aditivos do concreto.

ABNT NBR 10908:2008 – Aditivos para argamassa e concreto – Ensaios de caracterização

Essa norma prescreve os métodos de ensaios de referência para a determinação de pH, teor de sólidos, massa específica, teor de cloretos e análise por infravermelho.

A ABNT NBR 10908:2008 estabelece a metodologia para caracterizar e fazer o controle de qualidade dos aditivos químicos. Normalmente, o controle de qualidade é realizado pelo fornecedor de aditivo de acordo com essa norma. Todos os lotes dos produtos são avaliados em relação às suas propriedades físico-químicas como pH, massa específica, teor de sólidos e teor de cloretos, e ainda homogeneidade e cor. Os resultados dessas análises são entregues ao consumidor por meio dos certificados de qualidade que acompanham a entrega e definem os limites de especificação. Também é realizada uma avaliação de calorimetria em pasta de cimento Portland, além de uma avaliação de desempenho do aditivo em concreto.

ABNT NBR 11768:2011 – Aditivos químicos para concreto de cimento Portland – Requisitos

Essa norma especifica os requisitos para os aditivos químicos destinados ao preparo de concreto de cimento Portland, definidos em 3.6 a 3.16.

De acordo com a ABNT NBR 11768:2011, aditivo é o produto adicionado durante o processo de preparação do concreto, em quantidade de até 5% da massa de material cimentício. O objetivo é modificar suas propriedades no estado fresco e/ou no estado endurecido. Em concreto projetado, a dosagem pode ser superior a 5%, como na Figura 4.20.

Figura 4.20 - Aditivo para concreto.

Os aditivos químicos reagem e atuam nas propriedades reológicas do concreto e alteram as reações de hidratação do cimento: melhoram a trabalhabilidade, atuam na retenção de água, modificam a viscosidade, aceleram ou retardam o tempo de pega, controlam o desenvolvimento de resistências mecânicas, intensificam a resistência à ação do congelamento, diminuem a fissuração térmica, atenuam as consequências do ataque por sulfatos, reação álcali-agregado e corrosão de armadura, entre outras propriedades.

A efetividade de cada aditivo pode variar, dependendo de sua concentração no concreto, tipo de material cimentício, temperatura ambiente e dos materiais constituintes do concreto, energia de mistura, tempo de adição e variação dos constituintes dos mesmos. Além do efeito principal, os aditivos podem apresentar algum efeito secundário, modificando certas propriedades no concreto.

4.6.1 Tipos de aditivos

Existem na indústria diversos produtos que podem ser adicionados no concreto. Muitos apresentam as mesmas características, mas por questões comerciais são disponibilizados no mercado em diversas formas.

Existem diversos aditivos importantes, que podem ser acrescentados ao concreto. Vale lembrar que muitos deles combinam os efeitos e também são encontrados prontos para a utilização comum. A norma ABNT NBR 11768:2011 classifica os aditivos como:

- **Aditivo redutor de água ou plastificante:** sem modificar a consistência do concreto no estado fresco, permite a redução do conteúdo de água de um concreto; ou que, sem alterar a quantidade de água, modifica a consistência do concreto, aumentando o abatimento ou fluidez; ou, ainda, aditivo que produz os dois efeitos simultaneamente. Podem apresentar funções secundárias de retardo de pega (plastificante retardador – PR) e aceleração de pega (plastificante acelerador – PA), ou não possuir função secundária sobre a pega (plastificante – PN).

- **Aditivo de alta redução de água ou superplastificante tipo I:** sem modificar a consistência do concreto no estado fresco, permite elevada redução no conteúdo de água de um concreto; ou que, sem alterar a quantidade de água, aumenta consideravelmente o abatimento e a fluidez do concreto; ou, ainda, aditivo que produz esses dois efeitos simultaneamente. Podem apresentar funções secundárias de retardo de pega (superplastificante tipo I retardador – SPI-R) e aceleração de pega (superplastificante tipo I acelerador – SPI-A), ou não possuir função secundária sobre a pega (superplastificante tipo I – SPI-N).

- **Aditivo de alta redução de água ou superplastificante tipo II:** sem modificar a consistência do concreto no estado fresco, permite uma elevadíssima redução no conteúdo de água de um concreto; ou que, sem alterar a quantidade de água, aumenta consideravelmente o abatimento e a fluidez do concreto; ou, ainda, aditivo que produz esses dois efeitos simultaneamente. Podem apresentar funções secundárias de retardo de pega (superplastificante tipo II retardador – SPII-R) e aceleração de pega (superplastificante tipo II acelerador – SPII-A), ou não possuir função secundária sobre a pega (superplastificante tipo II – SPII-N).

- **Aditivo incorporador de ar (IA):** permite incorporação, durante o amassamento do concreto, de uma quantidade controlada de pequenas bolhas de ar, uniformemente distribuídas, que continuam no material no estado endurecido.

- **Aditivo acelerador de pega (AP):** diminui o tempo de transição do concreto do estado plástico para o estado endurecido.

- **Aditivo acelerador de resistência (AR):** aumenta a taxa de desenvolvimento das resistências iniciais do concreto, com ou sem modificação do tempo de pega.

- **Aditivo retardador de pega (RP):** aumenta o tempo de transição do concreto do estado plástico para o estado endurecido.

- **Aditivos polifuncionais ou multifuncionais:** são aditivos químicos redutores de água/plastificantes, que permitem dosagens superiores aos plastificantes convencionais, conferindo maior trabalhabilidade e/ou redução de água.

- **Hiperplastificantes:** são aditivos definidos na ABNT NBR 11768:2011. Além dos aditivos classificados pela norma ABNT NBR 11768:2011, existem outros chamados de aditivos especiais, utilizados em casos mais específicos. Seguem alguns exemplos:
  - aditivos modificadores de viscosidade;
  - aditivos inibidores de corrosão;
  - aditivos para preparação de concreto extrusado e vibro-prensado;
  - aditivos redutores de permeabilidade capilar;
  - aditivos retentores de água;
  - aditivos redutores de reação álcali-agregado;

- aditivos aceleradores para concreto projetado;
- aditivos controladores de hidratação;
- aditivos expansores;
- aditivos redutores e compensadores de retração por secagem.

A última geração de aditivos superplastificantes são os classificados de superplastificantes tipo II. Eles apresentam muitos benefícios, como altas taxas de redução de água para menos de 20%. A partir das características da base química do aditivo e da dosagem utilizada, são responsáveis por oferecerem importante manutenção de trabalhabilidade, sem comprometerem a pega e até favorecerem significativamente as resistências mecânicas.

> **FIQUE DE OLHO!**
>
> Adição de plastificantes e superplastificantes confere as seguintes características ao concreto:
> - **diminuição do consumo de cimento:** quando a consistência do concreto não muda, é possível reduzir consumo de cimento e água (com a mesma consistência);
> - **aumento da resistência à compressão:** mantendo fixa a consistência do concreto, é possível reduzir consumo de água e manter o consumo de cimento constante (aumentando as resistências mecânicas);
> - **aumento de consistência:** a fluidez do concreto aumenta mesmo sem a adição de água.

Os ensaios listados a seguir, definidos pela norma ABNT NBR 10908:2008, garantem padrão ou uniformidade entre os lotes do produto, mesmo que sejam líquidos, sólidos ou pastosos:

- determinação do pH;
- determinação do teor de sólidos;
- determinação da massa específica;
- determinação de cloretos;
- análise no infravermelho para verificação de homogeneidade do aditivo (opcional).

As amostras para testes de inspeção em obra ou central de concreto devem ser coletadas aleatoriamente na planta da fábrica de produção, a partir das embalagens fechadas (tambores, bombonas ou contêineres) ou no caminhão-tanque durante o recebimento. É importante também que o material seja pré-homogeneizado antes da amostragem e análise, pois alguns tipos de aditivos líquidos são veiculados em forma de suspensão.

4.7 Dosagem

Costuma-se medir o consumo de um aditivo em um traço de concreto com base em sua massa sobre a massa de cimento. Vale ressaltar que, quando o concreto for composto por outros aglomerantes hidráulicos (adições) além do cimento, o cálculo da dosagem do aditivo deverá ser sobre a soma das massas de cimento e adição. Esse número, em percentual, corresponde a "dosagem" do aditivo, comumente chamada de "dosagem percentual sobre o peso de cimento", ou "dosagem em % s.p.c.", conforme a fórmula a seguir:

$$\text{Dosagem (\% s.p.c.)} = \frac{\text{massa do aditivo (kg)} \times 100}{\text{massa do cimento (kg)}}$$

Caso se queira trabalhar com o aditivo em volume, faz-se necessário saber a sua massa específica:

$$\text{Dosagem (\% s.p.c.)} = \frac{[\text{massa específica (kg}/\ell)] \times [\text{massa do aditivo }(\ell)] \times 100}{\text{massa do cimento (kg)}}$$

Sendo: 1 kg/l= 1 g/cm³ = 1 g/m

De maneira prática, o desempenho do aditivo depende de fatores como:

- **cimento:** tipo, marca, lote, local de fabricação, consumo (por m³);
- **adições:** tipo e consumo (por m³) quando houver;
- **água:** qualidade de acordo com a NBR 15900 (ABNT, 2009), consumo (por m³);
- **agregados:** forma, tipo (natural ou artificial), granulometria e proporções;
- presença de outros aditivos;
- temperatura dos materiais do concreto;
- temperatura do concreto após a mistura;
- tempo e sequência de mistura do concreto;
- temperatura e umidade relativa do ar (ambientes);
- consistência inicial do concreto (sem aditivo).

A dosagem ótima de aditivo (ou dos aditivos, quando se usa mais que um) pode ser definida a partir da escolha de métodos realizados em pasta de cimento, como o funil de Marsh, de acordo com a ABNT NBR 7682:1983 e o ensaio miniabatimento de Kantro (AÏTICIN, 2000b *apud* KANTRO, 1980).

O ponto ótimo do aditivo é alcançado quando houver maior redução de água de amassamento e maior ganho de resistências mecânicas na idade desejada.

Quando se utiliza o aditivo em uma mistura de concreto, é possível que aconteçam problemas de incompatibilidade com certos lotes e/ou entregas de materiais que compõem o concreto, mesmo que os aditivos estejam de acordo com todas as especificações. As questões de incompatibilidade dependem das interações que ocorrem entre os aditivos e os materiais que compõem o concreto, principalmente com cimento e adições. Como resultado, a incompatibilidade pode gerar: aceleração ou retardo de pega excessivos, perda rápida de trabalhabilidade, incorporação excessiva de ar, alteração no ganho de resistências mecânicas etc.

> **FIQUE DE OLHO!**
>
> **CONCRETAGEM EM CLIMA QUENTE**
>
> Os problemas causados por concretagem sob altas temperaturas podem ocorrer em qualquer época do ano em climas tropicais e áridos, mas costumam se intensificar durante a temporada de verão. O concreto pode ser aplicado em ambientes quentes quando são tomadas medidas com relação à dosagem, produção, transporte, lançamento, adensamento e cura. Como parte dos cuidados, é preciso realizar manutenção da temperatura do concreto dentro dos limites recomendados (16 °C a 28 °C).
>
> Devem-se considerar dois fatores que influenciam o concreto no calor:
>
> - meio externo (insolação, calor, vento e umidade relativa do ar etc.);
> - componentes do concreto (tipo de cimento, temperatura dos materiais, adições, aditivos químicos etc.).

O aditivo pode prejudicar o desempenho do concreto ou da argamassa? Sim. Isso ocorre em casos de erros de dosagem. Isso também pode acontecer se o aditivo estiver fora do prazo de validade ou ignorar seu tempo de ação, como os superplastificantes que costumam durar menos de uma hora.

4.8 Preparo, lançamento e cura do concreto

A concretagem é a etapa final de um ciclo de execução da estrutura e, embora seja a de menor duração, necessita de um planejamento especial. É preciso considerar variáveis que interferem na produção, para que os recursos possam ser melhor empregados. Existem algumas etapas de concretagem, conforme descrito a seguir.

4.8.1 Preparo

O concreto deve ser preparado com base em determinados requisitos, em especial aqueles que garantem a homogeneidade da mistura dos componentes. Isso significa que os materiais devem estar bem misturados em toda a massa de concreto. Esse concreto pode ser trabalhado de forma manual ou mecânica.

Mistura manual do concreto

A mistura manual é indicada para obras pequenas ou em concretagens de pequenos volumes. Recomenda-se que cada mistura de concreto corresponda a um saco de cimento. O volume a ser preparado em cada etapa não deve ultrapassar os 100 kg de cimento, o que corresponde a dois sacos.

A seguir, seguem as etapas de manuseio para preparar o concreto:

- espalhe a areia, formando uma camada de uns 15 cm;
- coloque o cimento sobre a areia;
- com uma pá ou enxada, mexa a areia e o cimento até formar uma mistura bem uniforme;
- espalhe a mistura, formando uma camada de 15 cm a 20 cm;
- coloque as pedras sobre essa camada, misturando tudo muito bem;
- faça um monte com um buraco (coroa) no meio;
- adicione água aos poucos e misture bem.

Mistura mecânica do concreto

A mistura mecânica é feita no equipamento chamado betoneira. Com o uso da máquina, é possível criar uma mistura mais homogênea e aumentar a produção, em comparação com o processo manual. Entretanto, como é um equipamento eletromecânico usado em obras, exige instalação correta e treinamento para ser operado.

A betoneira, que pode ser de vários tipos e capacidades, é composta por um tambor, com paletas internas, que gira em torno de um eixo. Esse giro realiza a mistura dos materiais colocados dentro do baú.

O tipo mais comum de betoneira é aquele de eixo inclinado basculante, como mostra a Figura 4.21. Nesse tipo de betoneira, o carregamento do material e a descarga do concreto são feitos pela mesma boca, basculando-se (inclinando-se) o tambor por meio de uma alavanca. Há betoneiras mais complicadas e de maior porte, em que o carregamento é feito de um lado e a descarga, por outro.

Figura 4.21 - Betoneira.

FIQUE DE OLHO!

Para fazer a mistura na betoneira, deve-se:
1. colocar a pedra na betoneira;
2. adicionar metade da água e misturar por um minuto;
3. adicionar o cimento;
4. colocar a areia e o resto da água;
5. deixar a betoneira girar por mais 3 minutos.

DICA:

Limpe a betoneira antes usá-la (livre de pó, água suja, restos da última utilização). Os materiais devem ser colocados com o equipamento girando e no menor espaço de tempo possível.

4.8.2 Transporte

Para que a concretagem seja bem-feita, é preciso planejar o transporte do concreto, pois o incorreto interfere diretamente nas características do concreto (trabalhabilidade desejada, por exemplo), na produtividade do serviço e, se houver, na elaboração de um projeto para produção.

O sistema de transporte deve permitir o lançamento da massa direto nas formas, tomando cuidado para não utilizar depósitos intermediários ou transferência de equipamentos. O tempo de duração do transporte deve ser o menor possível, para minimizar os efeitos relativos à redução da trabalhabilidade com o passar do tempo.

Para a escolha e o dimensionamento do sistema de transporte do concreto, considere:

- o volume a ser concretado.
- a velocidade de aplicação.
- a distância – horizontal e vertical – entre o recebimento e a utilização.
- o arranjo físico do canteiro.

4.8.3 Tipos de bomba

As bombas de concreto podem ser estacionárias ou acopladas a lanças. A bomba lança é um equipamento com tubulação acoplada a uma lança móvel, montada sobre um veículo automotor. Com ela, é possível movimentar mecanicamente o mangote, além de não precisar montar e desmontar a tubulação fixa. A desvantagem é que existe limitação da altura, as dimensões da laje e os espaços no canteiro.

Já a bomba estacionária é um equipamento rebocável para o lançamento do concreto. Tem pressão maior, alcançando maiores alturas. Tem como desvantagem a necessidade de ter uma tubulação fixa, bem como a retirada e a remontagem dos tubos no decorrer da concretagem.

4.8.4 Lançamento

O lançamento ocorre pelo próprio equipamento de transporte. É bastante provável que ocorra a segregação do concreto durante as operações de lançamento. Sendo assim, a consistência deve ser escolhida em função do sistema selecionado. Os cuidados necessários durante o lançamento são:

- O concreto preparado na obra deve ser lançado logo após o amassamento. Não é permitido intervalo superior a 1 hora após o preparo.
- No concreto bombeado, o tamanho máximo dos agregados não deve ser superior a $\frac{1}{3}$ do diâmetro do tubo no caso de brita ou $\frac{2}{5}$ no caso de seixo rolado.
- Em nenhuma hipótese, o lançamento poderá ocorrer após o início da pega.
- Nos pilares, a altura de queda livre do concreto não pode ser superior a 2 m, pois pode ocorrer a segregação dos componentes.

- Nas lajes e vigas, o concreto deve ser lançado encostado à porção colocada anteriormente, não devendo formar montes separados de concreto para distribuí-lo depois. Esse procedimento deve ser respeitado, pois possibilita a separação da argamassa que flui à frente do agregado graúdo.
- Nas lajes, se o transporte do concreto for realizado com jericas, é necessário o emprego de passarelas ou caminhos apoiados sobre o assoalho da forma, para proteger a armadura e facilitar o transporte.

4.8.5 Cura do concreto

A cura do concreto tem o objetivo de evitar a evaporação da água utilizada na preparação da mistura, permitindo a completa hidratação do cimento. Essa ação deve ser executada durante as primeiras etapas de endurecimento, podendo ser realizada de diferentes maneiras.

Pisos e lajes precisam ser cuidadosamente curados. Em fundo de vigas e faces de pilares, não é necessário ter tanta atenção, pois essas peças são protegidas pelas formas. Em estruturas de grande volume e pouca área, a cura é importante por razões térmicas, e não de resistência ou durabilidade.

A escolha da técnica mais apropriada de cura depende da análise do processo construtivo, em que se verifica a velocidade de desforma e a existência de elementos pré-moldados. O custo e a disponibilidade local de ferramentas também devem ser considerados, assim como possíveis interferências nas demais atividades que ocorrem no canteiro de obras.

O concreto é o material mais utilizado na construção civil e o mais adequado para resistir a cargas de compressão. Como se trata de um material insubstituível e que pode sofrer patologias ao longo do seu envelhecimento (com custos muito altos de reparo), é necessário utilizar equipamentos e métodos de estudos para auxiliar o diagnóstico. Além disso, são necessários especialistas para avaliar os problemas e as causas das patologias.

Diversos fatores podem afetar uma estrutura de concreto, como ações naturais (maré) ou mau uso (sobrecarga). Edificações antigas e contemporâneas podem sofrer por causa de patologias, e esses possíveis problemas devem ser previstos em um planejamento. É fundamental a utilização de equipamentos para auxiliar o diagnóstico das patologias.

4.9 Ensaios não destrutivos

Os ensaios não destrutivos (END) permitem coletar informações como tamanho, profundidade, localização e estado da armadura, além de condições físicas e parâmetros associados aos processos de deterioração ou risco de danos à estrutura – tudo isso causando pouco ou nenhum prejuízo ao elemento.

Por que utilizar ensaios não destrutivos?

- não há prejuízo estrutural;
- podem ser realizados com a estrutura em uso;
- rápida obtenção de dados (in situ);
- permite a identificação de problemas em estágio inicial da obra.

Existem diversos END, sendo que alguns são realizados no período de fabricação da estrutura e outros após sua conclusão. Os testes vão desde uma inspeção visual para detecção de trincas em estruturas antigas até a realização de radiografia para confirmar a existência de vazios no concreto de elementos recém-fabricados. São ferramentas de controle de processo e averiguação de eventuais problemas ou danos.

Os principais END são:

- esclerometria;
- ensaio de resistência à penetração;
- ensaio de maturidade;
- ultrassom;
- resistividade elétrica superficial;
- ensaio de potencial de corrosão.

4.9.1 Ensaio de esclerometria (Martelo de Schmidt)

É o método empregado para determinar o valor aproximado da resistência à compressão superficial do concreto endurecido e de sua uniformidade. A realização do ensaio de esclerometria compreende uma massa martelo que, impulsionada por mola, choca-se com a área a ser ensaiada. Quanto maior a rigidez da superfície, menor a parcela da energia que se converte em deformação permanente, e maior deverá ser o recuo ou a reflexão da massa martelo. O equipamento utilizado no ensaio é chamado de esclerômetro de reflexão.

O Martelo de Schmidt bate na superfície e o próprio equipamento mede a recuperação de energia do impacto. Com esse dado, é possível achar a resistência à compressão (valores tabelados). Obtém-se o índice esclerométrico (IE)

4.9.2 Resistência à penetração (Penetrômetro Windsor)

Este método de ensaio usa um penetrômetro Windsor, equipamento que serve para disparar um pino contra a superfície estudada. A parte exposta do comprimento desse elemento indica qual é a resistência à penetração do concreto. Assim como o ensaio de esclerometria, esse é um teste de dureza, e seus inventores afirmam que a penetração da sonda reflete a força de compressão em uma área localizada. O ensaio também pode ser realizado com disparos por meio da madeira. Com isso, é possível estimar a resistência da estrutura antes da retirada das formas.

4.9.3 Medição da maturidade

Permite fazer uma estimativa da resistência do concreto de acordo com seu histórico de tempo e temperatura. Antes de retirar as estruturas da forma, é necessário que o concreto esteja rígido e resistente o suficiente para evitar deformações ou trincas. A estimativa da resistência à compressão é obtida com a medição da maturidade, a partir da subida da temperatura ao longo do tempo de cura do concreto. O ensaio mostra a importância das variações térmicas e suas influências sobre o desenvolvimento da resistência da estrutura.

4.9.4 Ultrassom

Os ensaios de ultrassom realizados no concreto para detectar descontinuidades variam entre 20 kHz e 150 kHz. O equipamento ultrassônico é composto por uma fonte, em que se conectam dois transdutores, um transmissor e outro receptor. O transmissor emite ondas acústicas com frequência ultrassônica para dentro da estrutura. Essas ondas são captadas pelo receptor. A determinação da velocidade de propagação das ondas indica as características do concreto, de modo que, quanto maior for, melhor será a qualidade do material. Além disso, é possível associar o conceito de que a velocidade de propagação é maior em um elemento mais íntegro do que naqueles que apresentam descontinuidades internas.

Resultados são influenciados pelas propriedades elásticas (granulometria, tipo e teor de agregado) e pela densidade do material. O ultrassom permite que seja feita uma estimativa de resistência à compressão, além de permitir que sejam encontrados defeitos no concreto e ações de deterioração de um ambiente agressivo e ciclos gelo-degelo.

Os resultados encontrados podem ser falhas internas na concretagem, profundidade de fissuras ou porosidade. Deve-se monitorar variações ao longo do tempo. As aplicações mais comuns são:

- pilares, vigas e estacas de concreto;
- paredes;
- reservatórios de água;
- outros.

A vantagem desse ensaio em relação ao ensaio de esclerometria é que a onda ultrassônica não se limita somente à superfície do concreto e, portanto, avalia a qualidade do concreto, estendendo-se a toda a massa.

4.9.5 Resistividade elétrica superficial

Por meio de solução aquosa, a resistividade elétrica controla o fluxo de íons difundidos no concreto. Isso explica a facilidade com que agentes agressivos podem se infiltrar na matriz de poros do concreto. É um parâmetro importante para a corrosão das armaduras, em que concretos de alta resistividade possuem baixa possibilidade de desenvolver corrosão.

4.9.6 Ensaio de potencial de corrosão

Existem muitas técnicas usadas para constatar e avaliar a corrosão, mas as técnicas eletroquímicas são as mais utilizadas. O ensaio de potencial de corrosão é um dos métodos eletroquímicos mais aplicados para monitorar e avaliar o comportamento das estruturas de concreto armado com relação à corrosão de armadura. Potencial eletroquímico: é a medida da maior ou menor facilidade da transferência de carga elétrica entre o aço e a solução contida nos poros do concreto, devido à diferença de potencial. Avaliação qualitativa é realizada por meio de mapas de potencial de corrosão. Probabilidade: indica áreas mais suscetíveis à corrosão.

4.10 Ensaios destrutivos

Os ensaios destrutivos para concreto são aqueles em que ocorre a extração de testemunhos ou amostras do concreto de certos elementos da estrutura para avaliação laboratorial.

4.10.1 Resistência à compressão

O ensaio de resistência à compressão é realizado de acordo com as diretrizes da ABNT NBR 5739:2018 (Concreto – Ensaios de compressão de corpos de prova cilíndricos), utilizando corpos de prova cilíndricos preparados conforme descreve o procedimento da ABNT NBR 5738:2015 Versão Corrigida: 2016 (Concreto – Procedimento para moldagem e cura de corpos de prova) e curados por 3, 7 e 28 dias.

Nesse caso, o ensaio consiste da ruptura de corpos de prova em prensa específica, em que é aplicado um carregamento a uma taxa de 0,5 MPa por segundo. Com a obtenção da tensão máxima, ou tensão de ruptura, é calculada a resistência do concreto à compressão.

4.10.2 Resistência à tração

A resistência à tração pode ser determinada em três ensaios destrutivos diferentes: axial, por compressão diametral ou na flexão. Dentre esses, é mais usual a realização do ensaio de tração por compressão diametral devido à facilidade e à rapidez de execução e ao uso do mesmo corpo de prova cilíndrico e equipamento (prensa) aplicados para a obtenção da resistência à compressão do concreto.

O ensaio de resistência à tração por compressão diametral é realizado seguindo as diretrizes da ABNT NBR 7222:2011, utilizando corpos de prova preparados conforme descreve o procedimento da ABNT NBR 5738:2015 e curados por 3, 7 e 28 dias.

O ensaio determina, indiretamente, a resistência à tração do concreto por meio da aplicação, ao longo do corpo de prova de ensaio de compressão, de duas forças distribuídas linearmente opostas à sua seção transversal, gerando tensões de tração uniformes perpendiculares ao diâmetro.

O ensaio de resistência à tração na flexão é realizado seguindo as diretrizes da NBR 12142 (ABNT, 2010), o qual também define o preparo dos corpos de prova prismáticos.

4.11 Controle tecnológico do concreto

O controle tecnológico do concreto usinado envolve a realização de uma série de ensaios para verificar se o material disponível no canteiro de obras apresenta as propriedades esperadas e definidas no projeto estrutural. O objetivo é garantir o desempenho da estrutura e evitar patologias que possam comprometer a vida útil da obra.

De acordo com o manual da Associação Brasileira das Empresas de Tecnologia da Construção Civil (Abratec), os tipos e a quantidade de ensaios de controle tecnológico do concreto devem ser definidos de acordo com o nível de qualidade que se pretende atingir, a responsabilidade da obra, o grau de exposição a atmosferas agressivas e a vida útil da obra.

Existem basicamente três grandes grupos de ensaios para determinar a qualidade do concreto:

- os realizados nos materiais constituintes do concreto, que podem ser agregados, aditivos etc.;
- os que avaliam o concreto fresco, isto é, determinam consistência, exsudação e tempos de pega, por exemplo;
- os que conferem as propriedades do concreto endurecido: resistência à tração, módulo de elasticidade e absorção de água.

Os ensaios podem acontecer em diferentes momentos. Muito comuns em uma obra, os ensaios para determinar a resistência à compressão são realizados aos 28 dias, para a confirmação da resistência potencial do concreto entregue. Outro teste importante é o de recebimento do concreto no estado fresco (abatimento), realizado em todas as betonadas entregues na obra, após a mistura de todos os componentes do concreto e antes da moldagem dos corpos de prova para determinação da resistência à compressão axial. O ensaio do abatimento de tronco de cone mede a consistência e fluidez do concreto, permitindo que se controle a uniformidade. Tal ensaio tem como principal função fornecer uma metodologia simples e convincente para se controlar a uniformidade da produção do concreto em diferentes betonadas.

Na aceitação do concreto, é verificado o controle tecnológico, de modo a buscar a melhoria e garantir a rastreabilidade de cada ensaio, evitando anomalias e patologias. Os resultados de ensaio devem ser analisados para a verificação dos parâmetros estabelecidos, para que, então, seja desenvolvido um plano de ação corretiva e preventiva, de modo a equacionar problemas de não conformidade com o concreto, evitando e prevenindo a ocorrência de manifestações patológicas.

Por se tratar do principal material utilizado na execução de estruturas de obras em geral e, consequentemente, ter um impacto relevante no resultado final, o concreto é um dos materiais mais controlados da engenharia civil. Esse controle é realizado pela rastreabilidade do material em questão, que é a capacidade de usar os registros para localizar o histórico e a aplicação.

A forma de rastreabilidade mais utilizada nas obras é a elaboração de mapas de concretagem, que são registros coloridos em plantas dos locais que serão concretados, por meio de canetas, lápis de cor ou giz de cera, associando os locais concretados com as respectivas notas fiscais do concreto aplicado.

VAMOS RECAPITULAR?

Neste capítulo, você aprendeu que o concreto armado é constituído de aglomerante (cimento), agregado miúdo (areia), agregado graúdo (pedra) e aço; que a água é o agente que inicia a reação química no cimento e que as normas técnicas são muito importantes para o controle da qualidade.

AGORA É COM VOCÊ!

1. O que são os agregados miúdo e graúdo?
2. Qual é o significado da sigla ARI, do CP V-ARI?

5

VIDROS

PARA COMEÇAR

Este capítulo tem por objetivo definir os conceitos básicos pertinentes ao vidro e à cerâmica no setor de construção civil.

5.1 Introdução aos vidros

A história sobre a descoberta do vidro é pouco conhecida. Alguns historiadores apontam a data de 5.000 a.C., quando mercadores fenícios descobriram acidentalmente, ao fazer uma fogueira na beira da praia, que o solo abaixo da fogueira resultava em um líquido transparente - o vidro. A hipótese é que havia duas matérias-primas básicas necessárias (a areia e o calcário de conchas), que, após sofrerem a ação do calor, resultavam em vidro. Alguns apostam também nos egípcios, muito tempo antes, como os descobridores do vidro. Avançando na linha do tempo e chegando ao ano de 100 a.C., as técnicas de fabricação evoluíram quando os romanos começaram a utilizar a técnica do sopro, dentro de moldes, na fabricação do vidro. A Figura 5.1 apresenta um vaso romano.

Figura 5.1 - Vaso romano em vidro.

O vidro tem sido cada vez mais utilizado no nosso dia a dia, dadas as suas características de inalterabilidade, dureza e resistência e as suas propriedades térmicas, óticas e acústicas, estando cada vez mais presente nas pesquisas de desenvolvimento tecnológico para o bem-estar do homem contemporâneo, nos mais variados setores. Antigamente, o vidro estava apenas presente em garrafas, frascos, espelhos ou vidros planos em janelas (transparentes ou foscos), mas hoje suas aplicações são inúmeras.

No mundo tecnológico do início do século XXI, é sonho de consumo ter televisão, monitor de computador e relógio com tela de vidro curva. Celulares revestidos totalmente em vidro ofereceriam uma área maior para efetuar ligações telefônicas, jogar *games* e navegar pelas redes sociais. Ainda pensando em utilizações inusitadas, poderíamos ter mesas, geladeiras e espelhos de banheiro, ou seja, casas e escritórios, revestidos com vidro e conectados à internet, transmitindo mensagens e estabelecendo comunicação entre pessoas. A Figura 5.2 apresenta um celular "transparente".

Figura 5.2 - Celular revestido com vidro.

A alta tecnologia na produção do vidro uniu baixos investimentos com durabilidade e beleza. Os arquitetos mais arrojados apostam nas produções e têm retorno garantido, utilizando tipos diferentes de vidro para cada ocasião. Quem diria que teríamos escadas e sacadas de apartamentos em vidro? A pergunta que vem à mente é: será que isso aguenta meu peso sem quebrar?

A Grand Canyon Skywalk fica 1.220 metros acima do Rio Colorado. Para sua construção, foram utilizados mais de 1 milhão de quilos de aço e 64 mil quilos de vidro: no total, seu peso chega a aproximadamente 544 toneladas. A Figura 5.3 apresenta a plataforma original sobre o Grand Canyon.

Figura 5.3 - Grand Canyon Skywalk.

MATERIAIS DE CONSTRUÇÃO

Mas a hegemonia dessa plataforma será desafiada pela plataforma Glacier Skywalk, localizada no Jasper National Park, no Canadá. Com chão de vidro, a plataforma se projeta a 30 m da face do penhasco, com 400 m de extensão e localizada 280 m acima do Vale de Sunwapta.

Se essas plataformas são muito desafiadoras, o que você acha de uma escada construída em vidro? Tem medo de subir cada um dos degraus? Apesar da possibilidade de trazer mais luz e da inovação estética, o vidro utilizado nas edificações até o início do século XX apresentava problemas de resistência a eventuais esforços, e sua ruptura poderia causar graves ferimentos nas pessoas. Observe a Figura 5.4, que apresenta pessoas descendo os degraus translúcidos de uma escada circular.

Figura 5.4 - Escadas de vidro.

Os degraus das escadas de vidro devem ser preferencialmente não transparentes, para preservar mulheres que estiverem usando saias ou vestidos.

FIQUE DE OLHO!

A coloração dos vidros é obtida pela adição de substâncias como cobalto, para o vidro azul, óxido de cobre, para o verde, óxido de ferro, para o bronze, e sulfato de zinco, para o vidro cinza.

Figura 5.5 - Vidros coloridos.

VIDROS 103

5.2 Uso do vidro na construção civil

A utilização de vidros em edificações já é notada logo na entrada. O número do imóvel pode estar impresso em uma placa de vidro temperado. Uma porta de entrada em vidro, com caixilharia de alumínio ou aço inoxidável, transmite sofisticação e limpeza. A Figura 5.6 apresenta uma placa de vidro para inserir número de identificação em edifícios (a) e portas de entrada feitas em vidro temperado (b).

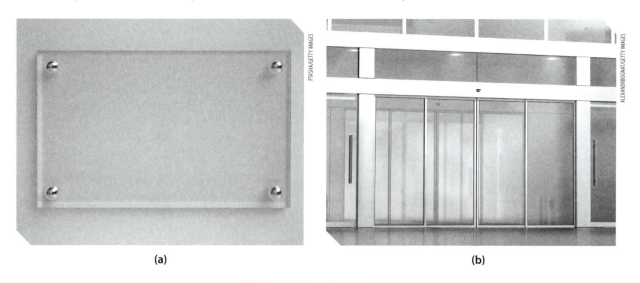

(a)   (b)

Figura 5.6 - Vidro na numeração do edifício (a) e nas portas de entrada (b).

Uma vez dentro do edifício, é possível continuar observando a utilização do vidro no ambiente interno. Amplas fachadas de vidro são utilizadas para permitir a entrada da luz do dia, oferecer a sensação de bem-estar ao avistar um jardim interno e facilitar a visualização de outras partes do conjunto de edifícios. Pode-se entender como padrão de qualidade mundial a utilização simultânea de janelas e fachadas de vidro com piso composto de pedras (mármore ou granito) ou de porcelanato. A Figura 5.7 apresenta um *hall* de entrada de um edifício comercial. Essa imagem pode ser interpretada como uma entrada de um hospital, um edifício comercial de escritórios ou um *shopping center*, por exemplo. Isso mostra a versatilidade do uso do vidro.

Figura 5.7 - *Hall* de entrada com fachada de vidro.

A definição do tipo de vidro a ser utilizado em cada projeto depende de dois fatores primordiais: o esforço ao qual o material será submetido e o efeito desejado pelo cliente em seu produto final.

O vidro se alia muito bem a estruturas metálicas na construção de paredes (inclusive curvas) e tetos. A Figura 5.8 apresenta a utilização de vidro curvo com estrutura metálica (a) e de vidro como teto (b). Nas duas situações, além de oferecer beleza estética, o vidro permite que a iluminação natural invada mais facilmente os ambientes, diminuindo o custo com iluminação artificial.

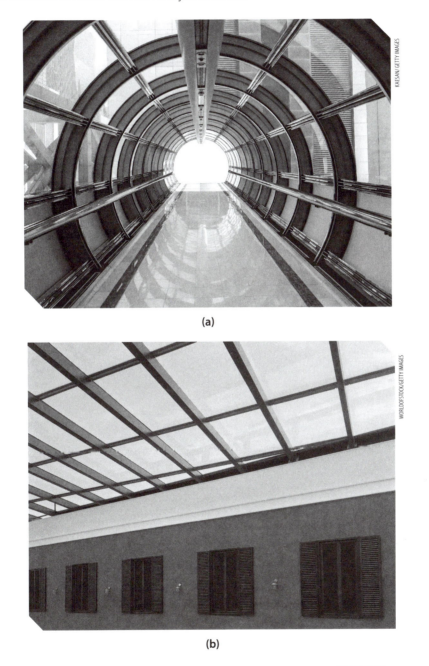

Figura 5.8 - Vidro curvo (a) e teto de vidro (b).

Nos banheiros residenciais e de empresas, é praticamente impossível não encontrar vidro. Logo no acesso aos sanitários, é comum a construção de paredes translúcidas utilizando tijolos de vidro. Cubas de vidro transparente para lavar as mãos também são bastante comuns.

Os banheiros possuem espelhos de diversos tamanhos, necessários para que as pessoas se vejam e observem se estão penteadas e limpas. Na hora do banho, o box de vidro é mais durável e higiênico do que um box de polímero e a cortina de proteção.

A Figura 5.9 apresenta tijolos de vidro na entrada de sanitários (a), que facilitam a localização da entrada e são de fácil manutenção. Além disso, vemos cuba de vidro (b), espelhos de sanitário (c) e box de banheiro (d).

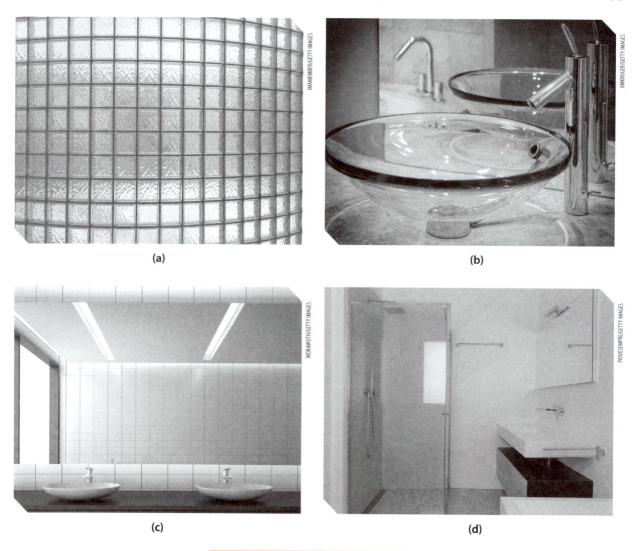

Figura 5.9 - Tijolos de vidro (a), cuba de vidro (b), espelhos (c) e box de vidro (d).

5.3 Características dos vidros

A matéria-prima para produção do vidro é feita a partir da fusão de vários materiais básicos, entre os quais os principais são a barrilha (60%), a areia (5 a 12%), o calcário (5 a 15%) e o feldspato (7 a 18%). A reciclagem do vidro é uma característica importante a ser considerada, pois a fusão dos cacos é feita a uma temperatura mais baixa do que a original, gerando economia de energia e menor impacto ambiental.

As etapas seguintes do processo produtivo variam conforme a tecnologia adotada. Por exemplo, para o vidro plano, é usada a tecnologia *float*, que consiste basicamente na formação de uma lâmina que flutua sobre estanho derretido (banho de flutuação), originando uma superfície sem imperfeições (ondulações).

Vidros impressos são geralmente lisos, e o trabalho final é feito antes do resfriamento total. Eles são translúcidos, com uma face plana; na outra, o desenho desejado é produzido por um rolo.

Na construção civil, usa-se o vidro principalmente por sua transparência, que proporciona luz e calor provenientes da radiação solar, permite a visão para os ambientes exteriores e serve como elemento de decoração, além de proporcionar condições para divisões de ambientes.

Os vidros mais utilizados na construção civil são os lisos, de espessuras variáveis (2, 3, 4, 5, 6, 8 e 10 mm), e os impressos, ou fantasia, como o canelado ou o miniboreal, além dos temperados, que passam por um processo térmico que lhes confere maior resistência, porém não podem mais sofrer operações de corte ou lixamento, nem outros processos.

Os vidros temperados são aplicados diretamente nas alvenarias, por meio de mecanismos como buchas ou guias. Os vidros lisos e fantasia, chamados comuns, são aplicados nas esquadrias por elementos chamados baguetes de fixação, com gaxetas de neoprene, ou com massa de vidraceiro. A finalidade da gaxeta e da massa de vidraceiro é dar estanqueidade e eliminar vibrações.

As massas de vidraceiro se resumem basicamente a dois tipos. Uma é composta de óleo de linhaça em gesso, podendo ter aditivos, que a endurecem por oxidação lenta em contato com o ar atmosférico; sua elasticidade é praticamente nula. A outra massa é constituída de óleo e cargas diversas, dependendo do fabricante, e pode ter comportamentos diversos.

A segurança que os materiais oferecem é de fundamental importância. Quando se trata de vidro, o grande risco é a quebra, formando estilhaços. Os vidros temperados, como os de box de banheiro e os de portas de entrada de edifícios - Figura 5.10 (a) -, quando sofrem alguma avaria, quebram-se em pedaços geralmente quadrados.

Os vidros laminados - Figura 5.10 (b) -, quando recebem o impacto de um objeto, geram estilhaços em formatos pontiagudos, similares a facas. Por conta disso, nas fachadas de vidros laminados, é adotada uma película polimérica - Figura 5.10 (c) - entre duas lâminas de vidro (como se fosse um sanduíche). Essa película pode criar padrões de cores na fachada, diminuir a incidência de raios solares (e do calor) e impedir que o vidro pontiagudo caia em pessoas nas calçadas, caso se quebre.

A Figura 5.10 (c), além de representar a utilização de uma película polimérica nas faces intermediárias dos vidros, também ilustra várias combinações de camadas de vidro. A existência de um vazio entre camadas de vidro torna o conjunto antirruído e um isolante térmico.

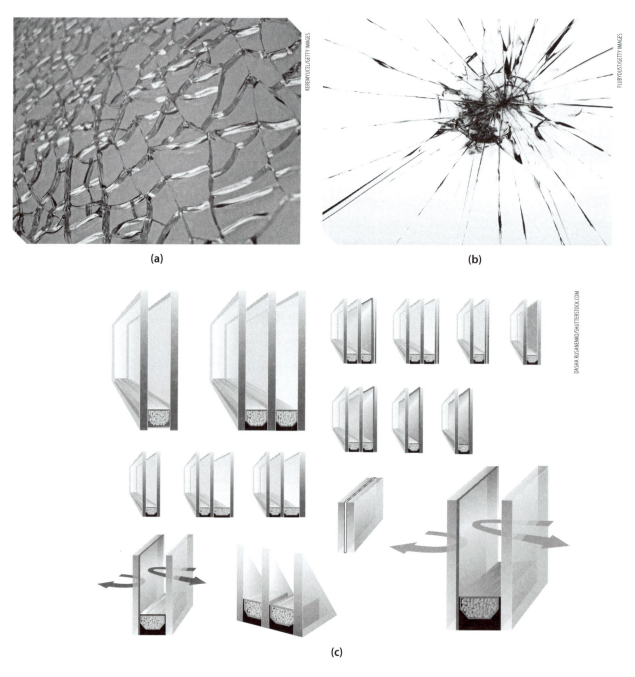

Figura 5.10 - Vidro temperado (a) e vidro laminado (b) avariados; perfis de montagem com múltiplas camadas de vidro e utilizando película (c).

O envidraçamento é a instalação de um painel de vidro em uma moldura sulcada, por meio da fixação com pregos de vidraceiro e da vedação do conjunto com um filete chanfrado de massa de vidraceiro ou mastique. Existem diferentes tipos de envidraçamento disponíveis para uso na arquitetura. A Figura 5.11 apresenta um sistema de envidraçamento utilizando duas chapas de vidro.

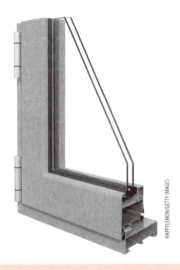

Figura 5.11 - Sistema de envidraçamento.

Os vidros podem apresentar vários tipos de acabamento:

- **Impresso:** apresenta relevos e texturas na superfície, feitos no processo de fabricação.
- **Acidado:** submetido à solução ácida, tornando-se opaco.
- **Jateado:** jatos de areia ou pós abrasivos fazem desenhos opacos na superfície.

A Figura 5.12 apresenta vidro impresso dourado (a), vidro impresso cinza (b) e vidro impresso transparente (c).

> **LEMBRE-SE**
>
> **Vidro float:** vidro comum (plano), normalmente usado na construção civil em janelas simples com caixilharia.
>
> **Vidro temperado:** vidro de segurança, cinco vezes mais resistente do que o vidro comum, que evita acidentes graves, pois sua ruptura resulta na fragmentação da estrutura em pequenos pedaços. Possui maior resistência à flexão.
>
> **Vidro laminado:** vidro de segurança, mais resistente, composto por duas placas de vidro que envolvem uma película interna plástica, o polivinil butiral (PVB). A maior espessura permite maior resistência, e a película evita que, em caso de rompimento, estilhaços cortantes se desprendam da placa.
>
> **Vidro duplo:** vidro insulado (sanduíche de vidros), ou seja, sistema de duplo envidraçamento que permite aliar as vantagens técnicas e estéticas de, pelo menos, dois tipos diferentes de vidro, com o benefício da camada interna de ar ou gás.

(a)

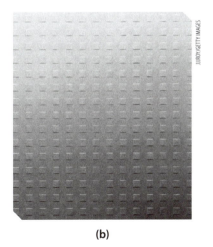
(b)

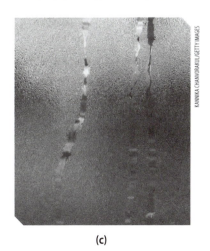
(c)

Figura 5.12 - Vidros impressos: dourado (a); cinza (b) e transparente (c).

A Figura 5.13 apresenta vidros acidados com desenhos transparentes lineares.

Figura 5.13 - Vidros acidados com desenhos transparentes lineares.

Além da aplicação artesanal de tintas especiais para vidros e do processo de serigrafia, existem três formas de produção industrial de vidro colorido: aplicação de aditivos na massa; deposição de camada refletiva e laminação de película plástica colorida.

A Figura 5.14 apresenta vidros coloridos: tipo mosaico (a) e escuro (b).

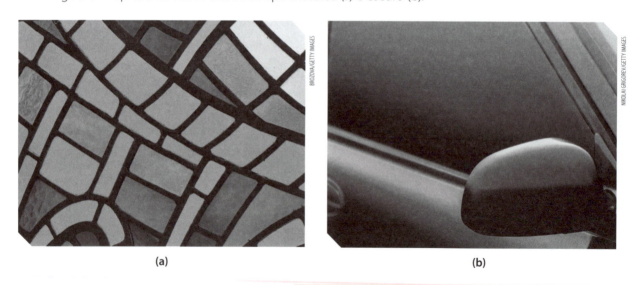

Figura 5.14 - Vidros coloridos: tipo mosaico (a) e escuro (b).

MATERIAIS DE CONSTRUÇÃO

Os **vidros coloridos** e **termorrefletores**, além da condição estética própria, podem reduzir o consumo de energia das edificações. Eles reduzem a energia solar, refletindo-a antes que ela entre na edificação. A escolha do vidro adequado depende da incidência dos raios solares sobre a superfície terrestre e, portanto, da latitude em que se encontra a edificação.

Os vidros termoabsorventes são feitos por meio da introdução de óxidos metálicos na massa, que produzem as cores azul, bronze, cinza e verde, reduzindo a transmissão de energia solar e aumentando a absorção do vidro.

Nos vidros termorrefletores, aplica-se ainda uma película muito fina de metal ou óxido metálico, que chega a ser transparente.

Os **vidros impressos** ou **fantasia** têm a mesma composição química do vidro comum, ou *float*. Eles são produzidos a partir do processo em que o vidro, após sair do forno, passa por dois rolos, sendo que um deles tem um desenho gravado em sua superfície. A forma do desenho é transferida para o vidro, que, logo em seguida, é resfriado a aproximadamente 50 ºC e cortado. Dependendo do desenho, o vidro impresso pode ter diferentes graus de privacidade. Em alguns casos, é possível produzir este vidro como temperado, aumentando sua resistência.

Os **vidros de segurança**, ao serem fraturados, produzem fragmentos menos capazes de provocar ferimentos graves que os vidros recozidos, além de possuírem maior resistência. Os vidros de segurança são: o temperado, o laminado e o aramado.

- **Vidro temperado**: este tipo de vidro de segurança, após sua formatação, é aquecido a uma temperatura crítica (próxima de seu ponto de amolecimento) e, depois, resfriado rapidamente. Esse processo de têmpera no vidro produz tensões internas que aumentam sua resistência, provocando tensões de compressão na superfície, as quais surgem porque ela se resfria e contrai mais rapidamente que o interior do vidro. Quando a massa interna do vidro esfria, ela tende a comprimir a parte externa, que está rígida, gerando as tensões de compressão. Como a fratura geralmente ocorre por um defeito na superfície, a pré-compressão da superfície permite uma resistência maior. O vidro temperado tem resistência de 3 a 5 vezes maior que a do vidro recozido.

- **Vidro laminado**: este tipo de vidro de segurança é composto por duas ou mais lâminas de vidro fortemente interligadas, sob pressão (10 a 15 atmosferas) e calor (> 100 ºC), e por uma ou mais camadas de polivinil butiral (PVB), que é uma resina muito resistente e flexível, ou de resina equivalente. O vidro laminado mais utilizado é composto por duas lâminas de *float* (3 mm) e uma película de PVB (0,38 mm ou 0,76 mm). Quando o vidro laminado quebra, seus fragmentos ficam presos à película do polivinil butiral, reduzindo o risco de queda de partes fragmentadas. Este tipo de vidro proporciona a redução de 99,6% dos raios ultravioleta e tem características que absorvem e amortecem as ondas sonoras, reduzindo a transmissão sonora entre ambientes.

- **Vidro aramado**: este tipo de vidro de segurança foi desenvolvido em pesquisas de materiais que fossem resistentes ao fogo. No processo de fabricação, quando em fusão, ele passa, junto a uma malha metálica, por um par de rolos, sendo a malha posicionada no centro do vidro. Em caso de fratura do vidro, ele não se estilhaça, e seus fragmentos ficam presos à tela metálica. É também resistente à corrosão.

> ### AMPLIE SEUS CONHECIMENTOS
>
> No Brasil, a NBR 7199 estabelece a obrigatoriedade do uso de vidros de segurança para:
> - balaustradas, parapeitos e sacadas;
> - vidraças não verticais sobre passagens;
> - claraboias e telhados;
> - vitrines;
> - vidraças que dão para o exterior, sem proteção adequada, até 0,10 m do piso, no caso de pavimentos térreos, e até 0,90 m do piso, para os demais pavimentos.

5.4 Corrosão em vidros

Quando a água permanece em contato com a superfície do vidro, podem ocorrer reações químicas que conduzem a erosões ou manchas. Nesse caso, existe a troca de íons de sódio no vidro e íons de hidrogênio na água:

$$SiONa \text{ (vidro)} + H_2O \text{ (solução)} \leftrightarrow SiOH \text{ (vidro)} + NaOH \text{ (solução)}$$

Assim, a reação química é o estágio inicial da corrosão, pois, em poucos minutos, o pH irá aumentar. Se o pH da solução permanecer menor que 9,0, não ocorrerá a degradação da superfície, mas, se for maior que 9,0, ocorrerá outra reação química, e o vidro será degradado (dissolvido):

$$Si\text{-}O\text{-}Si \text{ (vidro)} + OH^- \text{ (solução)} \leftrightarrow SiOH \text{ (vidro)} + O\text{-}Si \text{ (vidro dissolvido)}$$

No caso das edificações, é muito difícil que ocorra a corrosão de vidros, porque a umidade em contato com o vidro não é retida, evaporando rapidamente. Contudo, deve-se ter cuidado no armazenamento de chapas de vidro, pois entre elas pode haver ambiente favorável para a corrosão. Para evitá-la, deve ser colocado um papel de separação entre as chapas de vidro, que auxilia na separação mecânica, evitando a abrasão e o desgaste das chapas, bem como a corrosão. Idealmente, o papel de separação deve ter um pH ácido, para que a solução tenha um pH menor que 9,0.

Em geral, a temperatura do vidro deve estar no mínimo 5 °C acima do ponto de orvalho do local de armazenagem.

A manutenção dos vidros é bem simples, bastando sua limpeza com água e produtos não alcalinos. Deve-se ter cuidado com as vedações, sejam de massa ou de elastômeros, pois seu não funcionamento comprometerá a esquadria, causando perda da impermeabilidade, vibrações e até mesmo quebra do vidro. As massas devem ser repintadas regularmente, e os elastômeros devem ser substituídos quando apresentarem problemas. A inspeção regular é feita visualmente.

> **FIQUE DE OLHO!**
>
> O papel jornal possui ácidos orgânicos, com pH geralmente de valor 5, podendo ser utilizado como separador de vidros que estão empilhados.
>
> A estocagem do vidro no canteiro de obras, ainda que por pouco tempo, deve obedecer a critérios como: evitar poeira, umidade, radiação solar e projeções de cimento, além de outros materiais que possam manchar, incrustar ou riscar. A umidade pode causar manchas no vidro. Eles devem ser empilhados com inclinação de 6% em relação à vertical, formando uma pilha com espessura máxima de 5 cm.
>
> A escolha do tipo de vidro e de suas propriedades depende da aplicação desejada. Deve-se consultar um especialista, para que o vidro empregado seja adequado às condições de sua utilização.

5.5 Vidro inteligente (*Smart Glass*)

O vidro inteligente, ou vidro comutável, é um tipo de vidro com propriedades de transmissão da luz. Essas podem ser modificadas quando há aplicação de tensão, luz ou calor. Geralmente, nos casos em que sofre influências externas, o vidro muda de translúcido para transparente, alterando-se do bloqueio de alguns (ou todos) comprimentos de onda da luz para a passagem da luz.

Além disso, podemos dizer que esses vidros são chamados de inteligentes por sua capacidade de oferecer mais benefícios ao usuário, além da transparência dos vidros comuns. Diferentemente do vidro comum, o vidro inteligente muda suas propriedades e aparência em questão de segundos. Ele também pode mudar a temperatura ambiente, ou seja, do espaço em que está instalado, de acordo com as necessidades. Vale ressaltar que esse tipo de vidro serve para ambientes internos, externos, divisórias, portas, janelas etc.

Como outro benefício, o vidro inteligente pode ser controlado por um interruptor de parede manual, *dimmers* especiais ou comando de voz do controle remoto. Quando instalado no envelope de edifícios, cria um clima adaptável com conchas de construção. Ele oferece também a possibilidade de reduzir custos para aquecimento, ar-condicionado e iluminação, além de evitar gastos com instalação e manutenção de telas, persianas ou cortinas.

Figura 5.15 - *Smart Glass*.

Algumas vantagens do vidro inteligente são:

- permite uma construção sustentável, com mais conforto e eficiência energética;
- elimina a necessidade de cortinas e persianas;
- preserva as vistas diurna e noturna;
- pode ser dimerizado, conforme desejado;
- minimiza o brilho e reflexos;
- reduz o consumo de refrigeração e aquecimento;
- maximiza a iluminação natural;
- protege os móveis;
- pode ser operado com sistema de automação, ou mesmo com um smartphone.

As desvantagens incluem custos com material, instalação, eletricidade e durabilidade, bem como recursos funcionais, como a velocidade de controle, as possibilidades de escurecimento e o grau de transparência.

Além disso, o vidro inteligente também pode ter outras especificações mais avançadas, como funcionar como painel de controle de automação residencial ou como tela para retroprojeção de imagens e vídeos. Veja a seguir:

- **Hospitalidade:** tela de privacidade do quarto de hotéis, do banheiro ou do quarto, janelas externas, portas, janelas do centro de conferências e luzes do teto, telas de bar e restaurante, cubículos de banheiro, balaustradas e varandas.
- **Comercial:** divisórias de escritório, portas e janelas, luzes de teto.
- **Cuidados com a saúde:** superfícies limpas e fáceis de limpar que permitem a privacidade e a dignidade do paciente ao toque de portas de hospital classificadas como incêndio, telas de privacidade móveis e telas de proteção de raio X.
- **Segurança:** portas e janelas de célula, painéis de visão, foyer de entrada, caixa e telas de contagem de dinheiro.
- **Eficiência energética:** o vidro inteligente proporciona economia de mais de 25% em energia elétrica utilizada em residências e prédios comerciais, por meio do controle dinâmico dos raios solares incidentes sobre as janelas e fachadas. O resultado é uma importante redução do consumo de energia elétrica utilizada em iluminação, ventilação, ar-condicionado e aquecimento, proporcionando uma contribuição substancial para a certificação LEED.
- **Automóveis:** pode ser muito interessante para retrovisores dos veículos. Esse tipo de vidro permite proteger o motorista da incidência de luz alta e, consequentemente, melhorar a segurança nas estradas.

5.5.1 Onde o vidro inteligente é utilizado?

Existem diversos locais ou projetos desenvolvidos com vidro inteligente. O edifício Eureka Tower, em Melbourne, na Austrália, tem um cubo de vidro que se projeta 3 m para fora do prédio com visitantes dentro, suspensos a quase 300 m acima do solo. O observatório funciona no 88º andar e sua estrutura toda de vidro recebe o nome de Eureka Skydeck 88.

Figura 5.16 - Eureka Tower, em Melbourne.

Já o Boeing 787 Dreamliner possui janelas eletrocrômicas que substituem as cortinas da janela suspensa em aeronaves. A NASA está procurando usar eletrocrômica para gerenciar o ambiente térmico experimentado pelos recém-desenvolvidos veículos espaciais Orion e Altair. O vidro inteligente tem sido usado também em alguns carros com pouca produção, como o Ferrari 575 M Superamerica. Na Alemanha, os trens InterCityExpress (ICE 3), de alta velocidade, são fabricados com painéis de vidro eletrocrômicos entre o compartimento de passageiros e a cabine do maquinista. Os elevadores do Monumento de Washington, em Washington D.C., Estados Unidos, usam vidro inteligente para que os passageiros possam ver as pedras comemorativas dentro do monumento.

Os banheiros na praça Museumplein, em Amsterdã, na Holanda, possuem vidro inteligente para que os usuários possam identificar os compartimentos vazios. Quando o banheiro está ocupado e a porta é fechada, o vidro escurece para oferecer privacidade.

A Bombardier Transportation, empresa canadense de vagões ferroviários, oferece em seus trens Bombardier Innovia APM 100, linha de Cingapura, janelas inteligentes para evitar que os passageiros olhem os prédios enquanto os trens passam.

5.5.2 Tipos de vidro inteligente

Os vidros inteligentes podem ser modificados quando se muda a polarização elétrica entre alguns de seus componentes. Isso ocorre porque ele é basicamente um vidro ligado à energia elétrica com películas que podem deixar o visual opaco ou transparente, dependendo do momento. A luz pode ser diminuída nos períodos em que há luminosidade excessiva no ambiente externo. E também pode ser intensificada quando necessário, para maximizar o aproveitamento da luminosidade externa.

Embora a ideia seja proporcionar os mesmos benefícios entre as tecnologias de fabricação dos vidros inteligentes, atualmente, existem três tecnologias mais populares: o cristal líquido (LCD), a eletrocrômica e o dispositivo de partículas suspensas (SPD). Veremos cada uma delas a seguir.

Vidros eletrocrômicos

O vidro eletrocrômico (*eletro*, de eletricidade; *crômico*, relativo à cor) é uma solução inteligente para edifícios em que se é difícil ter controle solar, incluindo ambientes de sala de aula, instalações de saúde, escritórios comerciais, espaços comerciais, museus e instituições culturais. Espaços interiores com um átrio ou claraboias também podem ser beneficiados com o uso de vidro inteligente. O vidro eletrocrômico permite que as pessoas vejam a luz do dia e a paisagem do lado de fora. Logo, esse tipo de vidro pode ser considerado ideal para pessoas hospitalizadas, por exemplo. Estar em contato com a luz do dia gera mais bem-estar emocional, aumento da produtividade e redução do absenteísmo.

O vidro eletrocrômico oferece uma variedade de opções de controle. Com os avançados algoritmos, é possível realizar configurações de controle automático para gerenciar a iluminação, o brilho, o uso de energia e a renderização de cores. Os controles também podem ser integrados em um sistema de automação predial. Dispositivos eletrocrômicos alteram as propriedades de transmissão de luz em resposta à tensão e, assim, permitem o controle da quantidade de luz e calor que passam.

Em janelas eletrocrômicas, o material eletrocrômico altera sua opacidade: muda entre um estado transparente e um colorido. Uma explosão de eletricidade é necessária para mudar sua opacidade, mas uma vez que a mudança tenha sido efetuada, nenhuma eletricidade é necessária para manter a tonalidade específica que foi alcançada.

Conhecidos pela economia que geram, os vidros eletrocrômicos são produzidos com materiais capazes de mudar de cor quando recebem uma descarga elétrica. A tonalidade desse tipo de vidro é controlada pela quantidade de tensão aplicada a ele. A aplicação de uma baixa voltagem de eletricidade escurece o revestimento à medida que íons de lítio e elétrons se transferem de uma camada eletrocrômica para outra. Remover a voltagem e inverter sua polaridade fazem com que os íons e elétrons retornem às suas camadas originais. Assim, o vidro volta a ficar claro.

São formados por cinco películas finas prensadas entre duas placas de vidro. A eletricidade desencadeia uma reação química na película eletrocrômica desse "sanduíche", mudando a forma como o vidro reflete a luz. De acordo com a substância que constitui as películas do dispositivo, as cores obtidas podem ser azul, verde, amarelo, vermelho e cinza. Ainda, dependendo do filme eletrocrômico aplicado no vidro, ao ativar a corrente elétrica, é possível filtrar a radiação solar, diminuindo a incidência dos raios infravermelhos. Para o vidro ficar transparente, basta despolarizar as partículas do dispositivo eletrocrômico. A corrente elétrica tanto pode ser ativada por meio de um interruptor, como a ativação pode ser programada através de sensores sensíveis à intensidade da luz.

O vidro eletrocrômico oferece visibilidade mesmo quando se está escuro e, assim, preserva o contato visível com o ambiente externo. Ele tem sido usado em aplicações de pequena escala, como espelhos retrovisores. A tecnologia eletrocrômica também é usada em aplicações internas: em museus, por exemplo, protege quadros e objetos dos efeitos prejudiciais dos comprimentos de onda ultravioleta e da luz artificial. O vidro eletrocrômico pode ser programado para matizar automaticamente de acordo com o tempo, a posição do sol ou as preferências do usuário. Ele também pode ser controlado por meio de aplicativos móveis e até mesmo por meio de assistentes de voz populares.

- **Vantagens:** não necessita de alimentação constante de energia. Muda-se a cor com a aplicação de um a cinco volts, e para descolorir o vidro, basta inverter a polaridade dos eletrodos com uma nova aplicação de voltagem.
- **Desvantagens:** a mudança de cor ocorre gradualmente e pode levar até 20 minutos.

Polímeros de cristais líquidos dispersos (PDLCs)

Em dispositivos com polímeros de cristais líquidos dispersos (PDLCs), os cristais líquidos são dissolvidos ou dispersos num polímero líquido seguido de solidificação ou cura. Durante a mudança do polímero de líquido para sólido, os cristais líquidos tornam-se incompatíveis com o polímero sólido e formam gotículas por meio do polímero sólido. As condições de cura afetam o tamanho das gotículas que, por sua vez, afetam as propriedades operacionais finais da janela inteligente. Tipicamente, a mistura líquida de polímero e cristais líquidos é colocada entre duas camadas de vidro ou plástico, que incluem uma camada fina de um material condutor transparente, seguido de cura do polímero, formando assim a estrutura sanduíche básica da janela inteligente. Essa estrutura é, na verdade, um capacitor.

Essa é a tecnologia mais tradicional das três. Trata-se de um vidro laminado montado com, no mínimo, duas placas de vidro, duas películas plásticas e uma camada de cristal líquido revestida por um filme coberto com um material condutor de energia. Para o vidro ficar transparente, a corrente elétrica é acionada para polarizar e organizar as partículas de cristal líquido, permitindo a passagem de luz. Para o vidro ficar opaco, a corrente elétrica é interrompida, desorganizando as partículas do cristal líquido que se espalham em várias direções. Com isso, o vidro muda de cor instantaneamente, ficando branco leitoso. As placas disponíveis no mercado chegam a ter 1,20 m de largura por 2,80 m de comprimento.

- **Vantagens:** A vantagem é que a mudança de coloração é instantânea.
- **Desvantagens:** não é econômica do ponto de vista do consumo de energia, já que há a necessidade do uso de eletricidade ininterruptamente durante o tempo em que o vidro está transparente. Além disso, não há níveis intermediários de transparência.

Dispositivos de partículas suspensas (SPD)

O SPD é uma tecnologia revolucionária que usa o filme patenteado SPD (dispositivo de partículas em suspensão). Regulando a voltagem elétrica aplicada ao filme, os usuários podem desfrutar de benefícios de controle de luz. Em comparação com outros materiais comutáveis, o vidro SPD tem uma capacidade própria de ajustar, rapidamente (de 1 a 3 segundos) e com precisão, uma janela que precise apresentar determinado nível de transparência, independentemente do tamanho da janela. Aquelas com vidro SPD também estão disponíveis com substratos de vidro ou plástico, isto é, podem ser aplicadas em superfícies curvas, possuem uma ampla faixa de temperaturas de operação e bloqueiam até 99% da luz ultravioleta.

De todas as opções de tecnologia, essa é a mais eficiente. Também estruturado em camadas, esse tipo de vidro inteligente é formado por um sistema de suspensão de micropartículas que absorvem luz, revestido com um filme e colocado entre duas películas de material condutor. Por fim, esse composto é prensado entre duas placas de vidro.

O funcionamento é similar ao dos PDLCs. Para o vidro ficar transparente, a corrente elétrica é acionada para polarizar e organizar as partículas suspensas, o que permite a passagem de luz. A diferença está no nível de escurecimento obtido com essa tecnologia. Quando a corrente elétrica é interrompida, as partículas suspensas absorvem a luz, escurecendo o vidro imediatamente. Caso não seja preciso bloquear toda a luz, é possível ajustar a quantidade de voltagem aplicada no painel de forma automática ou manual, controlando, de forma instantânea, os níveis de passagem de luz.

- **Vantagens:** do ponto de vista da funcionalidade, o sistema SPD é o mais interessante, já que, além de oferecer a possibilidade dos estágios intermediários de passagem de luz, as mudanças de estado ocorrem instantaneamente. Proporciona economia de mais de 25% da energia elétrica utilizada em residências e prédios comerciais, especialmente por meio do controle dinâmico dos raios solares incidentes sobre as janelas/fachada. O resultado é uma drástica redução do consumo da energia elétrica utilizada em iluminação, ventilação, ar-condicionado e aquecimento, proporcionando uma contribuição substancial para a certificação LEED.

- **Desvantagens:** uso ininterrupto de energia nos modos transparente e quando há controle do nível de luminosidade. Essa desvantagem não desabona essa tecnologia, se considerarmos que ele controla o nível de entrada de energia, fazendo com que se possa também economizar energia durante o dia.

VAMOS RECAPITULAR?

Neste capítulo, você aprendeu as classificações do vidro: recozido ou *float*; de segurança (temperado, laminado, aramado); vidro termoabsorvente e termorrefletor; vidro composto e *smart glass*.

AGORA É COM VOCÊ!

1. Descreva as classificações do vidro: *float*, de segurança, termoabsorvente e termorrefletor.

6

CERÂMICAS

PARA COMEÇAR

Este capítulo tem por objetivo definir os conceitos básicos pertinentes ao concreto armado e seus componentes.

6.1 Histórico

A cerâmica é o material artificial mais antigo produzido pelo homem (tem cerca de 10 a 15 mil anos). A palavra "cerâmica" é oriunda do grego *kéramos* ("terra queimada" ou "argila queimada"). É um material de grande resistência, frequentemente encontrado em escavações arqueológicas e em edificações históricas.

Um exemplo único foi a ideia do imperador chinês Qin Shi Huang, que foi pioneiro na junção do território da China sob o poder de uma única dinastia (211 a 206 a.C.). Quando ele morreu, foi enterrado na companhia de um exército de soldados de terracota, os quais tinham como tarefa cuidar de seu soberano na vida após a morte. A Figura 6.1 mostra o exército do imperador.

Este tesouro arqueológico foi encontrado casualmente em 1974, a cerca de 30 quilômetros da cidade de Xian. Em 1987, foi incluído na lista de Patrimônios Mundiais da Organização das Nações Unidas para a Educação, a Ciência e a Cultura (Unesco).

A terracota é um material constituído por argila cozida no forno, e é utilizada em cerâmica e construção. O termo também se refere a objetos feitos desse material e à sua cor natural, laranja-acastanhada.

Figura 6.1 - Exército de soldados de terracota.

As construções da Figura 6.2 também são inusitadas para quem mora no Ocidente. São edificações feitas de blocos de argila e revestidas de lama. Mas qual a finalidade delas? São grandes pombais e ficam em Katara Village, no Qatar. No passado, principalmente para os egípcios, pombais desse tipo eram considerados símbolos de *status*.

(b)

Figura 6.2 - Feixes de barras de aço (a) e barras de aço cortadas (b).

(a)

Você gosta de filmes de aventura? Se a sua resposta for sim, você provavelmente reconhecerá a cidade da Figura 6.3.

Figura 6.3 - Edificações da cidade de Ouarzazate, Marrocos.

Ela foi utilizada como cenário para a gravação dos seguintes filmes: A Múmia (1999), Gladiador (2000), Asterix e Obelix - Missão Cleópatra (2002), Alexandre, o Grande (2004) e Príncipe da Pérsia: as Areias do Tempo (2010). É a cidade de Ouarzazate, localizada no sul do Marrocos, apelidada popularmente de "porta do deserto". Alguns dos grandes atrativos turísticos da cidade e da região são os inúmeros casbás (conjuntos de edificações) construídos em taipa, as montanhas e as planícies áridas, os vales e os oásis verdejantes, os palmeirais e as aldeias de barro vermelho ou ocre.

Mais perto de nós, nos Estados Unidos, mais especificamente no estado do Novo México, muitos turistas visitam edificações de até 5 andares feitas exclusivamente de barro pelos índios de Pueblo.

Figura 6.4 - Edificações dos índios de Pueblo.

CERÂMICAS   121

Os índios misturavam terra, palha, pedra e estrume lentamente e adicionavam água à mistura. Pisavam no emplastro de barro até que ele se tornasse espesso e lamacento, antes de secar ao sol. Os Pueblos viviam em climas secos, e o risco de que a chuva desmanchasse as casas era mínimo.

O Brasil possui valiosos sítios arqueológicos em seu território. Exemplos de cultura pré-histórica no Brasil foram localizados, por exemplo, em Minas Gerais, na região que abrange os municípios de Lagoa Santa, Vespasiano, Pedro Leopoldo e Matozinhos. Das grutas da região, a única protegida por tombamento do Instituto do Patrimônio Histórico e Artístico Nacional (IPHAN) é a gruta chamada Cerca Grande.

A história antiga do Brasil, contada por artefatos cerâmicos, tem um local: a Ilha de Marajó, no estado do Pará. Localizada na foz do rio Amazonas, ela possui uma área de aproximadamente 40.100 km². É a maior ilha costeira flúvio-marítima do mundo e também é conhecida internacionalmente pelo seu artesanato em cerâmica, feito pelos ancestrais brasileiros durante o período pré-colonial (de 400 a 1.400 d.C.). Escavando seus morros, os arqueólogos encontraram vasos, vasilhas, urnas, tigelas e outras peças de cerâmica, feitas com argila cozida. O período de produção desta cerâmica tão sofisticada esteticamente é chamado de "fase marajoara". A Figura 6.5 apresenta uma peça cerâmica da fase marajoara.

Figura 6.5 - Cerâmica marajoara.

A cerâmica marajoara é geralmente caracterizada pelo uso de pintura vermelha ou preta sobre fundo branco. Uma das técnicas mais utilizadas para ornamentação desta cerâmica é a do campo elevado, em que são conseguidos desenhos em relevo por meio do decalque das figuras sobre uma superfície alisada, e escavando em seguida a área sem marcação. São conhecidas cerca de quinze técnicas de acabamento das peças, revelando um dos mais complexos e sofisticados estilos cerâmicos da América Latina pré-colonial.

6.2 Características das cerâmicas

Como vimos, a cerâmica é o material artificial mais antigo produzido pelo homem. Todas as civilizações que viviam em volta de vulcões, lagos ou mares intuitivamente utilizavam-se da argila para a fabricação de tijolos, para o artesanato e para a cura de doenças. A Figura 6.6 apresenta argila ao redor do rio Nilo (a) e máscara de argila aplicada com finalidade estética (b).

(a)

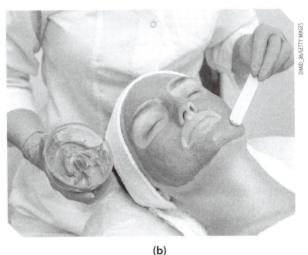
(b)

Figura 6.6 - Argila ao redor do rio Nilo (a) e tratamento estético facial com argila (b).

Os antigos egípcios utilizavam a argila oriunda da lama do rio Nilo, de propriedades terapêuticas, para tratamentos de inflamações, reposição de minerais e estimulação da atividade de certas enzimas. O silício presente na argila ajuda na formação do colágeno da pele. A argila também é citada como uma técnica bastante difundida entre médicos famosos e antigos. Hipócrates (460-377 a.C.), médico grego considerado o "pai da medicina", utilizava também a argila em seus tratamentos.

As argilas originam-se de rochas sedimentares que, ao longo dos anos, em virtude de processos climáticos, químicos e físicos, se desmancham. Ela é composta basicamente de quartzo, feldspato, mica e silício. Os detritos da rocha absorvem metais (titânio, magnésio, cobre, zinco, alumínio, cálcio, potássio, níquel, manganês, lítio, sódio e ferro) e outros componentes característicos do terreno em que estão (potássio), até a efetiva formação da argila. A Figura 6.7 apresenta a extração mineral de argila.

Figura 6.7 - Extração mineral de argila.

CERÂMICAS 123

A grande diversidade de componentes presentes no solo gera diferentes tipos de argila, inclusive com colorações diferentes, como verde, vermelha, branca e negra. A variação na cor da argila nos dá uma ideia preliminar de seus componentes: em lugares ricos em magnésio ou carbonato de cálcio, ela se apresenta mais branca; em regiões em que há a presença de óxido de cromo, ela é esverdeada; e, quando o local é rico em óxido de ferro, é rosada. A Figura 6.8 apresenta argilas de diversas cores.

Figura 6.8 - Argilas de cores diversas.

A argila é um produto geológico de granulometria muito fina, que desenvolve plasticidade quando lhe é adicionada água em quantidade adequada e que endurece se for seca, e mais ainda se for cozida. A pasta cozida ou seca ao sol endurece, conservando a forma que lhe foi dada. É esta propriedade - a plasticidade - que está na origem da invenção da olaria, uma das mais antigas indústrias do homem.

A Figura 6.9 apresenta a facilidade de moldagem da argila (a) e uma olaria em que tijolos de barro são fabricados e secam ao sol (b).

Figura 6.9 - Argila sendo moldada (a) e uma olaria (b).

Os depósitos de argila residual ocorrem em relevos acentuados, enquanto que os depósitos de argila sedimentar ocorrem em vales e planícies. Estes últimos são os que têm maior vocação para aplicações industriais (fabricação de louças, telhas, tijolos, entre outros produtos cerâmicos). Já a argila comum é a mais abundante, utilizada na fabricação de produtos cerâmicos de menor valor comercial.

A argila de olaria, quando queimada, proporciona corpos cerâmicos de cor variada, desde o cinzento até o amarelo-ocre, o castanho ou o vermelho, cores dependentes dos minerais presentes portadores de ferro, titânio e manganês, e ainda da atmosfera que preside à queima. Os produtos cerâmicos normalmente são avermelhados, se cozidos até um estado de vitrificação incipiente e queimados abaixo de 950 ºC. Mas, se a queima ultrapassar esse estado, a cor escurece um pouco.

Utilizada particularmente em cerâmica ornamental, a argila plástica pode ser moldada facilmente no torno dos artesãos. É uma argila de cores variadas, cinzenta, cinzenta-esverdeada, castanha ou castanha-avermelhada, em cuja composição podem entrar quartzo, feldspato, mica, óxidos e hidróxidos de ferro, pirite e carbonatos.

A Figura 6.10 apresenta a sequência de fabricação de um vaso cerâmico. O processo inicia-se com a colocação de uma porção de argila úmida, que, sob um processo rotativo, vai ganhando forma até adquirir os detalhes finais.

Figura 6.10 - Processo de fabricação de um vaso cerâmico.

As argilas residuais, por sua relativa pureza mineralógica, normalmente correspondem funções mais nobres, para a fabricação de porcelanas, refratários e bentonita. A bentonita é importante na construção civil (paredes moldadas e lamas de sondagem) e como impermeabilizante para aterros sanitários e depósitos de resíduos. Ela é uma argila residual proveniente da alteração de cinzas ou de tufos vulcânicos ácidos, de granulometria muitíssimo fina, que geralmente aumenta de volume em meio aquoso. A Figura 6.11 apresenta a bentonita utilizada na construção civil.

Figura 6.11 - Bentonita.

6.3 A indústria cerâmica no Brasil

No Brasil, a área de cerâmica pode ser dividida em alguns setores.

O setor de **artefatos cerâmicos** é o mais difundido no Brasil. Está presente na maioria das cidades brasileiras (próximas dos consumidores), em olarias e pequenas fábricas. Geralmente, são empresas familiares, que produzem tijolos e blocos de barro, telhas de barro e manilhas (tubulações) de barro. A Figura 6.12 apresenta tijolos de barro (a) e blocos cerâmicos (b).

(a)   (b)

Figura 6.12 - Tijolos de barro (a) e blocos cerâmicos (b).

Empresas maiores possuem algum tipo de mecanização e produzem blocos cerâmicos de melhor qualidade e resistência, os chamados blocos estruturais, que são mais caros e, por conta disso, existe um cuidado maior no seu transporte. É comum a utilização de *pallets* e empilhadeiras para a movimentação e estocagem de materiais. A Figura 6.13 apresenta alguns modelos de blocos estruturais cerâmicos e uma empilhadeira carregando um *pallet* de blocos.

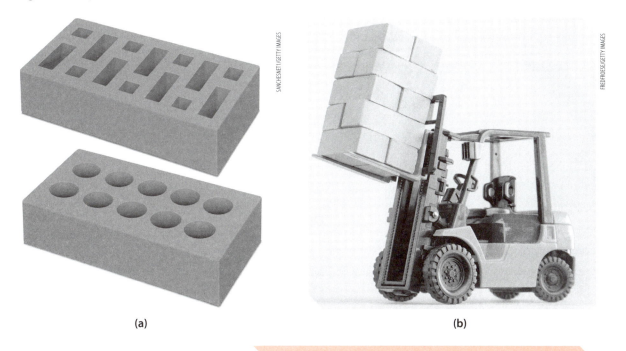

Figura 6.13 - Blocos cerâmicos estruturais (a) e empilhadeira (b).

Telhas cerâmicas também pertencem a esse grupo. Possuem diversos formatos e cores. A compra de telhas cerâmicas deve estar em harmonia com o padrão arquitetônico da edificação. Devem ser respeitados os ângulos de inclinação máximos e, se necessário, deve ser utilizada fixação com arame. A Figura 6.14 apresenta três formatos de telhas cerâmicas.

Figura 6.14 - Telhas cerâmicas.

Outro setor importante é o dos fabricantes de **pisos cerâmicos, porcelanatos, azulejos e revestimentos de fachada (pastilhas cerâmicas)**. Há ainda o setor de **louças sanitárias**, que fornece lavatórios, vasos sanitários e mictórios. A Figura 6.15 apresenta pisos cerâmicos inteiros (a), pisos cerâmicos quebrados (b), pastilhas cerâmicas (c), azulejo (d), louças sanitárias (e) e um lavatório (f).

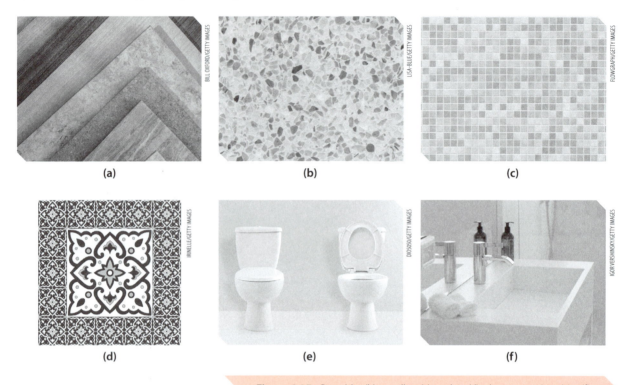

Figura 6.15 - Pisos (a) e (b), pastilhas (c), azulejo (d) e louças sanitárias (e) e (f).

Um setor mais desconhecido para quem lida com o dia a dia da construção civil é o de refratários. Produtos de cerâmica refratários são destinados às seguintes indústrias: siderúrgica, cimenteira, vidraceira, elétrica e química. A Figura 6.16 apresenta o uso da cerâmica como isolante elétrico.

Figura 6.16 - Isolantes elétricos.

6.4 Tijolos cerâmicos

Os tijolos comuns de barro recozido, conforme a qualidade da argila e o cozimento, apresentam resistência à compressão desde 5 kgf/cm² até 120 kgf/cm², geralmente de 30 kgf/cm².

A NBR 8041 estabelece as medidas 190 × 90 × 57 mm e 190 × 90 × 90 mm para tijolos cerâmicos, mas, por conta do desconhecimento da norma e também da tradição, tijolos de diferentes tamanhos também podem ser encontrados, por exemplo, de 240 × 110 × 60 mm.

Os tijolos comuns de barro recozido, também denominados caipiras ou maciços, são utilizados em paredes de vedação, no encunhamento em paredes de tijolos furados ou como autoportantes em pequenas estruturas.

Os blocos cerâmicos (tijolos furados) têm furos cilíndricos ou prismáticos, perpendiculares às faces que os contêm. São fabricados por extrusão. A maromba expulsa o barro através de uma boquilha que dá o tamanho e a configuração do bloco. A outra dimensão, a espessura do bloco, vai ser definida no corte, que é normalmente feito por arame. Dessa forma, a fabricação é contínua, com intervalos para o corte e para a retirada para secagem.

As medidas comerciais mais comuns são 90 × 190 × 190 mm ("tijolo baiano") e 140 × 190 × 390 mm (bloco de vedação ou estrutural). Os estruturais apresentam a linha de meio-bloco, a canaleta e a meia-canaleta para vergas, a fim de evitar cortes e quebras.

A alvenaria feita com blocos de vedação de 90 mm resiste a 105 minutos de fogo, enquanto a estrutural de 140 mm, a 175 minutos. Esta, revestida nas duas faces, apresenta isolamento acústico de 42 dB.

6.5 Telhas cerâmicas

As telhas cerâmicas podem ser de dois tipos: planas ou curvas. Entre as telhas planas, destacam-se a chamada "telha francesa" ou "telha Marselha" e a de escamas, que é uma placa. Entre as telhas curvas, são comuns a "telha paulistinha" e a "capa-canal", divididas ainda em "romana", "portuguesa" e "italiana".

É importante observar a qualidade, verificando a inclinação do telhado para sua utilização, sua impermeabilidade, seu encaixe etc.

As telhas cerâmicas não devem apresentar absorção excessiva; a absorção máxima deve ser de 20%. Também não podem permitir a percolação e nem vazamentos nos encaixes. Admitem variação dimensional de mais ou menos 2% e empenamento máximo de 5 mm.

Por exemplo, uma telha francesa pesa cerca de 2,5 kg e deve ser aplicada com declividade de 32 a 40%, utilizando-se 15 peças por m². Quando o projeto exige inclinação maior para o telhado, a telha deve ter um furo no encaixe, para permitir sua amarração, o que se faz com arame ou cobre. Normalmente, o telhado é feito sobre madeiramento serrado, com ripamento galgado pela telha, sobre caibros, terças e tesouras dimensionadas convenientemente.

As telhas curvas devem ser feitas de barro com as mesmas características do barro das planas, devem ter declividade de 30 a 40%, e devem-se utilizar cerca de 16 peças por m². A NBR 8038 traz as especificações das telhas francesas, a NBR 9598, das telhas capa-canal "paulistas", e a NBR 95600, das demais. Para o cálculo de quantidades (áreas), não se pode esquecer da inclinação, dos beirais etc., o que fornece diferenças consideráveis, inclusive quanto à contratação de mão de obra.

6.6 Azulejos cerâmicos

Os azulejos são obtidos a partir de uma mistura de argilas, caulins, areia e outros minerais (feldspato, quartzo, calcário, talco), prensada em moldes metálicos, queimada a mais de 900 °C e esmaltada em uma das faces pela fusão de um esmalte, geralmente em segunda queima.

As fases da fabricação dos azulejos são:

1. Preparo das matérias-primas

    - As matérias-primas são estocadas separadamente e passam por uma série de análises individuais para o controle da qualidade.

2. Mistura

    - Cada matéria-prima é dosada com precisão em peso, de acordo com a formulação preestabelecida; cada lote de mistura é levado para um moinho de tambor, em que adiciona-se água e ocorre a trituração, sob a ação de pedras sílex, resultando na massa cerâmica líquida chamada barbotina.

3. Limpeza

    - A barbotina é limpa de eventuais partículas de ferro pela ação de um ímã e filtrada em peneira vibratória. Ela escoa para um tanque, em que a presença de agitadores evita a decantação.

4. Atomização

    - A barbotina é bombeada para uma torre de secagem, o atomizador (*spray dryer*), onde é lançada contra o ar aquecido a 400/500 °C. Isso faz com que evapore a água das gotículas de barbotina, resultando em um granulado que se deposita no fundo cônico da torre, de onde é transportado para silos por correias.

5. Prensagem

    - A partir dos silos, a massa granulada segue para as prensas, onde o azulejo será moldado em dois impactos: o primeiro retira o ar da massa (aproximadamente 10 MPa) e o segundo é responsável pela moldagem propriamente dita, a uma pressão de 30 MPa.

6. Secagem

    - Os azulejos, ainda crus, são empilhados em vagonetes providos de prateleiras de material refratário. Eles passam a seguir pelo secador, onde a umidade residual é eliminada, processo que leva cerca de 20 horas, a uma temperatura de cerca de 120 °C.

7. Primeiro cozimento

    - O processo consiste no pré-aquecimento, no cozimento e no resfriamento do azulejo e demora cerca de 72 horas, normalmente em um forno túnel, contínuo, que atinge 1.100 °C. Nesta etapa, o azulejo, agora cozido, passa a denominar-se "biscoito".

8. Esmaltação
    - O esmalte é aplicado por máquinas especiais no biscoito transportado por correias. Ele é obtido pela moagem de "fritas", espécie de vidro próprio para este fim, acrescidas de outros minerais e corantes. Dependendo do caso, pode receber uma impressão por *silk screen*, antes ou depois da esmaltação, resultando na decoração de "baixo esmalte" ou "sobre-esmalte", respectivamente.
9. Segunda queima
    - O biscoito é colocado em engradados refratários, em vagonetes, que passam por um forno túnel, para a queima do esmalte ou para a queima de alisamento, que demora cerca de 12 horas e atinge 1.050 ºC.
10. Classificação e embalagem
    - A classificação é feita visualmente, e a embalagem é manual.

A norma técnica indica:

▸ **Variação das dimensões:** é o desvio, em percentual, das dimensões de cada peça em relação à média do lote.
  - **Tamanho nominal:** é a medida "comercial" do material. Por exemplo: 30 × 30 cm, 20 × 30 cm etc.
  - **Dimensão de fabricação:** é a dimensão "real" do material. Por exemplo: 301,5 × 301,5 mm, 204 × 306 mm etc.
  - **Calibre ou bitola:** é a faixa de tolerância de tamanho desde o limite maior até o menor.

▸ **Qualidade de superfície e tonalidade:** 95% das peças presentes em uma caixa devem pertencer à qualidade especificada na embalagem. Na fábrica, a classificação é feita visualmente em um conjunto de peças colocadas em um painel devidamente iluminado, com o observador a:
  - 1 metro de distância - sem defeitos visíveis = classe A.
  - 1 metro de distância - com defeitos visíveis = classe B.
  - 3 metros de distância - com defeitos visíveis = classe C.

Quanto à tonalidade, a norma determina que as peças da classe A devem formar um conjunto homogêneo, mas não proíbe diferenças de tom.

▸ **Absorção de água**
  - É o percentual de água absorvido pela peça, em peso, quando imersa em água em ebulição por duas horas. É fundamental o conhecimento dessa propriedade para sabermos o comportamento da argamassa, bem como a conveniência ou não no local de utilização de determinado produto. Classificam-se em quatro grupos: o BI tem AA menor que 3%; o BIIa, AA de 3% a 6%; o BIIb, AA de 6% a 10%; e o BIII, AA maior que 10%.

▸ **Dilatação térmica linear**
  - O coeficiente de dilatação térmica linear é o aumento de dimensão que ocorre em cada milímetro de um corpo de prova quando a temperatura aumenta em 1 ºC. Em razão dessa propriedade e pela diferença entre a cerâmica e a argamassa, não se recomenda o assentamento com junta seca.

▶ **Resistência ao gretamento**
- Gretamento são microfissuras na superfície da peça, que parecem teias, prejudicam a aparência e comprometem a impermeabilidade.

▶ **Resistência a ataque químico**
- Os ensaios são feitos com solução de azul de metileno e permanganato de potássio, para avaliar a resistência a agentes que provocam manchas. Para ensaiar a resistência aos produtos domésticos de limpeza e aditivos de piscinas, um dos reagentes usados é o ácido cítrico a 10%, por 6 horas. Para testar a ação de ácidos e bases, usam-se soluções de ácido clorídrico e hidróxido de potássio a 3%, por 7 dias.

▶ **Resistência à abrasão**
- É importantíssima para podermos definir o material de acordo com a utilização.

6.7 Ladrilhos, pastilhas e litocerâmicas

Os ladrilhos são produzidos por processos semelhantes aos dos azulejos e apresentam grande variedade de tamanhos e padrões. Podem ser de dois tipos: o terracota, com a própria argila por acabamento final, produzido principalmente nas cores vermelha e caramelo, e os esmaltados, que podem ser produzidos basicamente por dois métodos. O primeiro, mais tradicional, é a biqueima: quando uma cerâmica terracota recebe esmalte e é novamente queimada. O segundo, mais moderno, é a monoqueima, em que o biscoito cru recebe esmaltação.

Grês é uma argila bastante fusível, com bastante mica e baixo teor de ferro, de cor clara. Normalmente, apresenta menor absorção e maior resistência do que as argilas vermelhas.

É possível encontrar ladrilhos de vários tamanhos em peças como rodapés, soleiras, peças para batedor de tanque de lavar roupas, antiderrapantes para rampas, cantoneiras etc. Para especificar o material cerâmico, é necessário o conhecimento da classe PEI, da absorção, do tamanho etc., bem como saber da existência ou não de peças complementares. Cuidado especial deve ser tomado quando se trabalhar com pisos decorados, pois o desenho ou a composição precisam ser estudados em cada cômodo e nas continuidades.

As pastilhas cerâmicas são materiais semelhantes aos azulejos, de porcelana mais compacta e impermeável, de baixíssima absorção, de espessura de 3 a 5 mm e dimensões de 25 × 25 mm, 40 × 40 mm ou 50 × 50 mm. Podem ser sextavadas, em forma de palito ou ter outras formas. Podem ainda ser esmaltadas em uma face, coloridas, ou coloridas no próprio biscoito, apresentando-se foscas.

As litocerâmicas são revestimentos em terracota, que podem ser esmaltados, imitando tijolos à vista. São produzidas em medidas próximas de 220 × 50 mm, com espessura de 10 a 15 mm. São assentadas sobre emboço, com argamassa cimento-cola ou convencional 1:3. A qualidade deve ser analisada em cada caso, pois existem no mercado materiais mais ou menos absorventes, mais ou menos uniformes, mais ou menos resistentes etc.

6.8 Placas cerâmicas para revestimento

As placas cerâmicas para revestimento devem atender à norma brasileira NBR 13818:1997: Placas cerâmicas para revestimento - especificação e métodos de ensaio (descrição dos parâmetros dos ensaios).

Os ensaios devem verificar as características dos produtos relacionadas aos seguintes itens:

Características geométricas:

- dimensões (comprimento e largura);
- dimensão nominal;
- dimensão de fabricação;
- espessura;
- forma;
- retitude lateral;
- ortogonalidade;
- planaridade (curvatura central, curvatura lateral, empeno).

Durante a etapa de queima no processo produtivo, que ocorre a mais de 1.000 °C, as características geométricas das placas cerâmicas passam por variações por conta das alterações físico-químicas sofridas pelo esmalte e pela argila. Essas variações são previstas pela norma técnica que especifica as tolerâncias das dimensões e fornece os limites máximos para o esquadro, a curvatura, o empenamento e a variação de espessura das placas cerâmicas para revestimento, características relacionadas ao molde e ao corte da peça.

As informações a respeito das dimensões das placas cerâmicas (dimensão nominal, dimensão de fabricação e espessura) devem estar presentes nas embalagens dos produtos, pois são importantes não só para o consumidor, mas também para o profissional responsável pelo assentamento do produto, seja ele destinado para revestimento de piso ou de parede.

Características físicas:

- Absorção de água

Um dos parâmetros de classificação das placas cerâmicas é a absorção de água, que tem influência direta sobre outras propriedades do produto. A resistência mecânica, por exemplo, é tanto maior quanto mais baixa for a absorção.

As placas cerâmicas para revestimentos são classificadas, conforme a absorção de água, da seguinte maneira:

- **porcelanatos:** de baixa absorção e resistência mecânica alta (BIIa Þ de 0 a 0,5%);
- **grês:** de baixa absorção e resistência mecânica alta (BIb Þ de 0,5 a 3%);
- **semigrês:** de média absorção e resistência mecânica média (BIIa Þ de 3 a 6%);
- **semiporosos:** de alta absorção e resistência mecânica baixa (BIIb Þ de 6 a 10%);
- **porosos:** de alta absorção e resistência mecânica baixa (BIII Þ acima de 10%).

A informação sobre o grupo de absorção deve estar presente na embalagem do produto e é de fundamental importância para que o consumidor selecione cerâmicas que se ajustem às suas necessidades, entre as quais o local em que serão assentadas. Para locais mais úmidos, como banheiros, recomenda-se a utilização de revestimentos com absorção de água menor, e vice-versa.

É importante ressaltar que as placas cerâmicas classificadas como BIII, com absorção de água acima de 10%, são recomendadas para uso como revestimento de parede (azulejo), justamente por possuírem alta absorção e, portanto, resistência mecânica reduzida.

- Módulo de resistência à flexão e carga de ruptura
  - Essas características estão relacionadas diretamente à absorção de água do produto. São importantes, principalmente, no caso de placas para revestimento de lugares que receberão cargas e veículos pesados, como garagens, ou seja, que necessitem de resistência mecânica maior.
- Expansão por umidade (EPU)
  - Esse fator é considerado crítico, principalmente quando o produto se destina ao revestimento de ambientes úmidos, como piscinas, fachadas e saunas.
  - Os produtos resultantes de uma etapa de queima incompleta, quando submetidos a diferenças extremas de temperatura, podem apresentar variações em suas dimensões (dilatação ou contração). A expansão por umidade é uma das causas do estufamento e da gretagem.
- Resistência ao gretamento
  - O termo "gretamento" refere-se às fissuras da superfície esmaltada, que são similares a fios de cabelo. Seu formato é, geralmente, circular, espiral ou em forma de teia de aranha, e é resultante da diferença de dilatação entre a massa e o esmalte. O ideal é que a massa dilate menos que o esmalte.
  - A tendência ao gretamento é medida submetendo-se a placa cerâmica a uma pressão de vapor de cinco atmosferas, ou seja, uma pressão cinco vezes maior que a pressão normal, por um período de duas horas.
  - Esse processo acelerado reproduz a EPU (expansão por umidade) que a placa sofrerá ao longo dos anos, depois de assentada.

Características químicas:

- Resistência ao manchamento e ao ataque químico
  - Esses ensaios verificam a capacidade que a superfície da placa possui de não alterar sua aparência quando em contato com determinados produtos químicos ou agentes manchantes.
  - Os resultados desses ensaios permitem alocar o produto em classes de resistência para cada agente manchante ou para cada produto químico especificado na norma.

As classes, em ordem decrescente de resistência, são apresentadas nas Tabelas 6.1 e 6.2.

Tabela 6.1 - Resistência ao ataque químico

Classificação	Definição
A	Ótima resistência a produtos químicos
B	Ligeira alteração de aspecto
C	Alteração de aspecto bem definida

Fonte: NBR 13818 (1997).

Tabela 6.2 - Resistência ao manchamento

Classificação	Definição
5	Máxima facilidade de remoção de mancha
4	Mancha removível com produto de limpeza fraco
3	Mancha removível com produto de limpeza forte
2	Mancha removível com ácido clorídrico/acetona
1	Impossibilidade de remoção da mancha

Fonte: NBR 13818 (1997).

As não conformidades encontradas no ensaio de resistência ao ataque químico, em que é simulada a utilização de produtos de limpeza (amoníaco, cloro e produtos ácidos) sobre o revestimento, estão relacionadas à composição do esmalte.

Em relação ao ensaio de resistência ao manchamento, as não conformidades são resultantes da queima incompleta da matéria-prima.

De acordo com a norma técnica, as informações que devem estar presentes na embalagem do produto são:

- marca do fabricante ou marca comercial e país de origem;
- identificação da qualidade do produto (extra ou comercial);
- tipo de placa cerâmica (grupo de classificação) e referência às Normas NBR 13818 e ISO 13006;
- tamanho nominal, dimensão de fabricação e formato modular ou não modular da peça;
- natureza da superfície, com um dos seguintes códigos: GL - esmaltado (*glazed*) ou UGL - não esmaltado (*unglazed*);
- classe de abrasão (PEI);
- nome ou código de fabricação do produto;
- tonalidade;
- código de rastreamento do produto (por exemplo: data de fabricação, turno, lote de fabricação etc.);
- número de peças por caixa;

- metros quadrados cobertos pelas placas;
- especificação de uma junta pelo fabricante.

A ausência de informações, principalmente daquelas relacionadas a aspectos técnicos do produto, pode levar o consumidor a adquirir produtos que não sejam adequados às suas necessidades.

6.8.1 Como escolher a placa cerâmica para revestimentos

Para a escolha correta da placa cerâmica para revestimento, leve em consideração os seguintes requisitos:

- **Procedência do produto:** se tem informações sobre o fabricante (telefone, endereço) e indicação de estar de acordo com as normas.
- **Local de aplicação (parede ou piso):** áreas residencial, comercial ou industrial.
- **Trânsito no local:** de pessoas, veículos, móveis que são arrastados – para determinar o Índice PEI do produto que será comprado.
- **Umidade no local:** para determinar o Grupo de Absorção do produto – para locais mais úmidos, recomendam-se produtos com baixa absorção.
- **Metragem do local (m²):** para cálculo da quantidade de peças necessárias.

6.8.2 Resistência do esmalte à abrasão (PEI)

Os revestimentos cerâmicos também são classificados segundo o teste de resistência do esmalte da peça ao desgaste por abrasão. Essa classificação é conhecida como índice PEI (*Porcelain Enamel Institute*), que indica os ambientes mais adequados para sua aplicação.

- **PEI 1:** Produto recomendado para ambientes residenciais, nos quais se caminha geralmente com chinelos ou pés descalços. Exemplos: banheiros e dormitórios residenciais sem portas para o exterior.
- **PEI 2:** Produto recomendado para ambientes residenciais, nos quais se caminha geralmente com sapatos. Exemplos: todas as dependências residenciais, com exceção das cozinhas e entradas.
- **PEI 3:** Produto recomendado para ambientes residenciais, nos quais se caminha geralmente com alguma quantidade de sujeira abrasiva, mas que não seja areia nem outros materiais de dureza maior do que areia (todas as dependências residenciais).
- **PEI 4:** Produto recomendado para ambientes residenciais (todas as dependências) e comerciais com alto tráfego. Exemplos: restaurantes, churrascarias, lojas, bancos, entradas, caminhos preferenciais, exposições abertas ao público e outras dependências.
- **PEI 5:** Produto recomendado para ambientes residenciais e comerciais com tráfego muito elevado. Exemplos: restaurantes, churrascarias, lanchonetes, lojas, bancos, entradas, corredores, exposições abertas ao público, consultórios e outras dependências.

6.8.3 Recebimento, armazenamento e limpeza de placas cerâmicas

Para o recebimento de placas cerâmicas, deve-se verificar se todas as caixas contêm produtos de mesmo tamanho, mesma tonalidade, mesma qualidade, mesmo lote e mesmo índice PEI (classe de abrasão superficial), se essas especificações correspondem ao seu pedido e se estão discriminadas na embalagem.

Para o armazenamento durante a obra, assim como o de peças sobressalentes, deve-se colocar as embalagens em ambientes protegidos do sol e da chuva, evitando lugares muito úmidos, ou com possibilidades de empoçamento de água, e mantendo as embalagens secas e em posição vertical.

Para a limpeza de placas cerâmicas, nunca se deve utilizar ácido, pois ele corrói o esmalte, propiciando a entrada de agentes agressivos sob sua base. Sua conservação e sua limpeza podem ser feitas com uma simples solução de água e detergentes neutros.

> **FIQUE DE OLHO!**
>
> **Galga** é o nome dado ao espaçamento entre eixos de duas ripas consecutivas e serve para apoiar as telhas de barro. A galga da telha francesa é de 340 mm, e a da telha romana é de 360 mm. Assim, quando vamos trocar as telhas de um telhado, talvez devamos também trocar a posição de seu ripamento.
>
> De maneira geral, podemos ter:
> - argilas de cor de cozimento branca (caulins e argilas plásticas);
> - argilas refratárias (caulins, argilas refratárias e argilas altamente aluminosas);
> - argilas para produtos de grês;
> - argilas para materiais cerâmicos estruturais (amarelas ou vermelhas).

VAMOS RECAPITULAR?

Neste capítulo, vimos que a indústria da cerâmica é uma das mais antigas do mundo. Chama-se cerâmica a pedra artificial que é obtida pela moldagem, pela secagem e pela cozedura de argilas ou misturas contendo argila. Nos materiais cerâmicos, a argila fica aglutinada por uma pequena quantidade de vidro, que surge pelo calor de cocção sobre os componentes da argila.

AGORA É COM VOCÊ!

1. O que é o índice PEI dos revestimentos cerâmicos?
2. Quais informações devem estar presentes nas embalagens de placas cerâmicas?

7

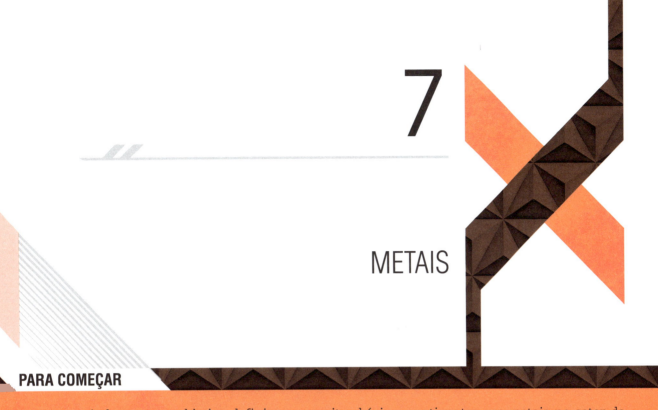

METAIS

PARA COMEÇAR

Este capítulo tem por objetivo definir os conceitos básicos pertinentes aos metais no setor de construção civil.

7.1 Metais nas edificações

A presença e a utilização de peças e estruturas metálicas em edificações são cada vez mais crescentes, mesmo em edifícios convencionais de alvenaria ou de concreto armado. Isso vale tanto para as obras em construção quanto para as concluídas. E você irá se surpreender com a quantidade e com a variedade de itens metálicos que necessitam ser especificados, comprados e recebidos nas obras.

Os metais estão presentes sob várias formas, como chapas e perfilados de aço e alumínio; tubos de aço, cobre e alumínio; perfis conformados a frio de aço e zinco etc.

Todos os metais e suas ligas devem atender às especificações das normas da ABNT.

7.1.1 Portões, cercas e tapumes

No início de uma obra, o primeiro serviço a ser executado é a proteção de todo o entorno com cercas e tapumes (principalmente metálicos, de chapas onduladas). Também não se deve esquecer de fixar uma numeração no local da obra. A Figura 7.1 apresenta tipos de materiais metálicos utilizados como cerca: tela e arame farpado (a) e chapa de aço ondulada (b). O tapume metálico tem sido cada vez mais utilizado em relação ao de madeira, por conta de sua leveza, sua durabilidade e sua facilidade de pintura.

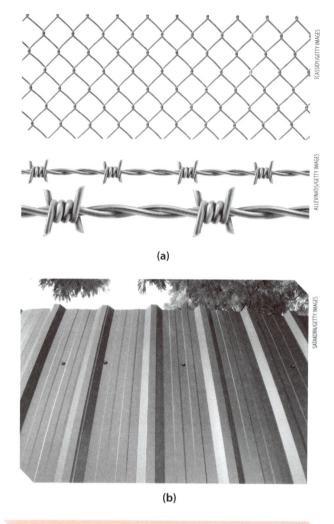

Figura 7.1 - Materiais utilizados para cercar a obra: tela e arame farpado (a) e chapa de aço ondulada (b).

Esse tipo de proteção provisória em relação ao meio externo é depois substituído por estruturas mais elaboradas e resistentes, como grades metálicas de materiais diversos. Grades de aço e alumínio são muito utilizadas, mas também podem ser usadas chapas e barras metálicas maciças ou perfis metálicos tubulares. As barras metálicas podem ser lisas, torcidas ou trabalhadas artisticamente. As seções tubulares geralmente possuem perfis retangular, quadrado ou circular. O acabamento pode variar desde uma simples pintura com pincel ou rolo até revestimentos de múltiplas camadas feitas com névoa de tinta. A fixação de portões e cercas pode ser feita com grapas ou grampos de aço em cauda de andorinha, chumbados na alvenaria com argamassa de cimento e areia e posicionados para se acomodarem exatamente entre as fiadas, espaçados cerca de 60 cm, sendo dois o número mínimo de grampos em cada lado.

Por segurança, estruturas que permitam a visualização do quintal ou de áreas internas dos edifícios têm sido evitadas por arquitetos e proprietários. A Figura 7.2 apresenta portão (a) e cerca metálica em obras já acabadas (b). A Figura 7.3 apresenta uma porta de aço (a) e um portão de garagem em aço (b).

Figura 7.2 - Portão (a) e cerca metálica (b).

(a)

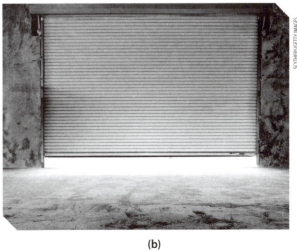
(b)

Figura 7.3 - Porta (a) e portão de garagem (b) feitos de metal.

METAIS 141

O material metálico é muito utilizado na numeração de edifícios e residências, por conta de sua durabilidade e de sua resistência mecânica. A Figura 7.4 apresenta (a) números isolados de simples acabamento e fixados por parafusos, ideais para obras em construção, e (b) números impressos em um dispositivo metálico de acabamento mais nobre, comuns em obras concluídas.

Figura 7.4 - Números de identificação de imóveis: isolados (a) e impressos (b).

Os parafusos escolhidos para a fixação de peças metálicas devem ser de qualidade, para não provocarem processos corrosivos. Catálogos de fabricantes e manuais de instruções devem ser consultados para a escolha de parafusos e pregos adequados. A Figura 7.5 (a) apresenta parafusos, ganchos e arruelas de diversos formatos e materiais. Para cada um desses sistemas de fixação, são necessárias ferramentas adequadas, como chaves de parafuso e martelos. A chave de parafuso é introduzida na fenda de um parafuso para girá-lo, apertando-o ou afrouxando-o. A Figura 7.5 (b) apresenta chaves para diversos padrões de cabeças de parafuso, como aquelas em formato de estrela (Philips), as sextavadas e as quadradas.

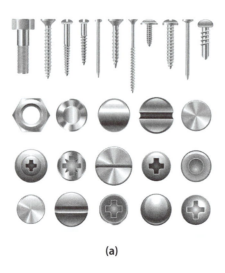
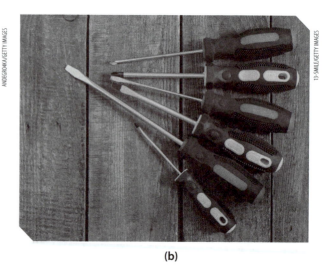

Figura 7.5 - Parafusos e ganchos (a) e chaves de parafusos (b).

7.1.2 Gruas e cimbramentos

Uma vez ultrapassada a portaria de uma obra em execução, pode-se perceber mais ainda a utilização de metais. Olhando para o alto, provavelmente você notará a existência de gruas e cimbramentos metálicos. Ambas as estruturas são similares em sua composição: estruturas tubulares. A Figura 7.6 apresenta a estrutura de uma grua (a) e operários apertando parafusos para a montagem de um cimbramento (b).

Nas gruas, os tubos são soldados e dispostos em uma estrutura treliçada, enquanto nos cimbramentos, eles são fixados por ganchos e parafusos, formando uma estrutura reticular. O transporte de cargas verticais (de 2 a 10 toneladas) é otimizado com a lança e os guindastes das gruas desde a fase de estrutura da obra até a conclusão do edifício. Elas podem transportar diversos tipos de materiais, como blocos, concreto, aço e elementos estruturais pré-moldados (veja a Figura 7.6 [c] e [d]), com a vantagem de descarregar os insumos diretamente no local em que serão usados.

Figura 7.6 - Grua (a); cimbramento (b); caçamba (c) e laje de concreto armado (d) sendo içados.

METAIS 143

O cimbramento é constantemente montado e desmontado. Por isso, é necessária uma avaliação constante da qualidade do material utilizado. As peças metálicas são aceitas desde que não apresentem oxidação, amassamentos, trincas nos perfis ou barras, desgastes nas ligações ou ruptura nas costuras dos perfis.

7.1.3 Estruturas de concreto armado

A armação de aço de uma estrutura de concreto armado é apenas uma das utilizações do metal em edifícios, mas, sem dúvida, uma das mais importantes. Os aços para concreto armado, fornecidos em rolos (fios) ou, mais comumente, em barras com aproximadamente 12 m de comprimento, são empregados como armadura ou armação de componentes estruturais. Quando se utilizam barras de aço, percebemos que é necessário um espaço no canteiro suficiente para estocar o aço em três estágios distintos: aço em barras, aço cortado, e aço cortado e dobrado. A Figura 7.7 apresenta barras e rolos de aço antes de serem cortados (a) e barras de aço cortadas (b).

Figura 7.7 - Feixes de barras de aço (a) e barras de aço cortadas (b).

Os fios e as barras são cortados com talhadeiras, tesourões especiais, máquinas de corte (manuais ou mecânicas) ou discos de corte. As ligações entre as barras e entre barras e estribos são feitas por meio da utilização de arame recozido, que possua uma boa maleabilidade. Os arames normalmente indicados são os recozidos nº 18 (maior espessura) ou nº 20 (menor espessura). Quando se colocam as armaduras nas formas, todo cuidado deve ser tomado de modo a garantir o perfeito posicionamento da armadura no elemento final a ser concretado, veja a Figura 7.8.

Os dois problemas fundamentais a serem evitados são a falta do cobrimento de concreto especificado (normalmente da ordem de 20 mm, para o concreto convencional) e o posicionamento incorreto da armadura negativa (tornada involuntariamente armadura positiva). Barras de diâmetros corretos e montadas na ordem correta garantem que elementos estruturais obtenham a resistência projetada.

144 MATERIAIS DE CONSTRUÇÃO

Figura 7.8 - Armadura de aço.

7.1.4 Estrutura de aço

A Figura 7.9 apresenta a fabricação de elementos em aço em uma empresa siderúrgica. Essas empresas são as que fabricam os perfis metálicos, em altos fornos, a partir de ligas metálicas.

(a)   (b)

Figura 7.9 - Fabricação de peças de aço em empresas siderúrgicas.

A Figura 7.10 apresenta uma construção com estrutura de aço. Ela permite a racionalização do edifício como um todo, mas no Brasil ainda não há padronização de materiais e componentes, além da falta de tradição construtiva e do desconhecimento do processo construtivo. Mesmo assim, a produção de um edifício em aço permite que toda a estrutura seja previamente preparada em uma indústria, ficando apenas a montagem para o canteiro. A estrutura de aço pode ser montada utilizando-se vários tipos de perfis metálicos, com

METAIS

seções circulares ou em formato de H, T, C ou I. Esse tipo de construção permite grandes áreas envidraçadas, oferecendo a entrada de luz solar e ampla visibilidade externa. É utilizado em edifícios-garagem com pisos metálicos. Atividades profissionais ligadas ao corte e à soldagem de materiais metálicos são necessárias para a montagem de construções com estrutura metálica.

Figura 7.10 - Usinagem, montagem e ocupação de prédios em estruturas metálicas.

7.1.5 *Steel frame*

A construção do tipo *steel frame* ainda é pouco utilizada no Brasil. Diferentemente da estrutura de aço, ela utiliza perfis metálicos mais leves, de aço galvanizado, e destina-se a construções de menor porte. O *steel frame* é a conformação do esqueleto estrutural composto por painéis em perfis leves, com espessuras nominais usualmente variando entre 0,80 mm e 2,30 mm, e revestimento de 180 g/m² - para áreas não marinhas - e 275 g/m² - para áreas marinhas -, em aço galvanizado, projetados para suportar todas as cargas da edificação. É um sistema construtivo aberto, que permite a utilização de diversos materiais. Por ser flexível, não apresenta grandes restrições aos projetos, racionalizando e otimizando a utilização dos recursos e o gerenciamento das perdas. Na concepção dessa tecnologia, as paredes internas e externas são montadas, respectivamente, com placas de gesso *drywall* e cimentícia.

A Figura 7.11 apresenta o esqueleto de um sobrado em *steel frame* e o detalhe dos perfis de aço galvanizado.

Figura 7.11 - *Steel frame.*

7.1.6 Telhado com treliça e telhas metálicas

Uma cobertura tem primariamente a função de proteger as edificações da chuva, do vento e do sol. Suas características vão depender basicamente do propósito da edificação, da disponibilidade de materiais, das tradições locais e de uma grande variedade de concepções arquitetônicas. Treliças metálicas de duas águas são largamente utilizadas para coberturas de pavilhões, aliando leveza e resistência. Treliças são estruturas constituídas, basicamente, por barras retas, unidas apenas pelas extremidades, por nós articulados. Como os esforços são aplicados apenas nesses nós, somente esforços axiais de tração e compressão atuam nas barras. Na prática, os nós raramente são rotulados, sendo as barras conectadas por rebites, parafusos ou soldas.

Considera-se, então, que os elementos que compõem uma cobertura são: elementos de vedação (telhas) e estrutura portante (conjunto de elementos que suporta os elementos de vedação - treliça). Competitivas para aplicação em grandes áreas e disponíveis em diferentes materiais, formatos e cores, as telhas metálicas se destacam por sua estanqueidade e sua versatilidade.

A Figura 7.12 apresenta telhados com treliça e telhas metálicas.

Figura 7.12 - Telhados com estrutura de aço.

7.2 Ensaios em elementos metálicos

Os elementos metálicos, em geral, têm que atender aos requisitos de qualidade apresentados nas normas técnicas da ABNT. Os ensaios a que devem ser submetidos os metais e suas ligas dependem de suas aplicações na obra. Os ensaios mais comuns são:

- corrosão;
- condutividade elétrica;
- dilatação e condutividade térmica;
- dureza;
- fadiga;
- flexão;
- impacto;
- tração.

Nos ensaios, é muito importante conhecer algumas definições:

- **ductilidade:** é a propriedade de se deixar reduzir a fios sem se quebrar;
- **dureza:** é a propriedade de se opor à penetração de um corpo mais duro que sua massa. O ensaio de dureza serve para avaliar, entre outros, o grau de desgaste de um determinado material;
- **elasticidade:** é a propriedade de se deformar e de recuperar a sua forma original, quando cessados os efeitos da solicitação que causou a deformação;
- **maleabilidade:** é a propriedade de se deixar reduzir a lâminas sem se quebrar;
- **plasticidade:** é a propriedade de, quando cessados os efeitos da solicitação de deformação, não restituir a sua forma original;

- **resiliência:** é a capacidade de resistir ao choque sem deformação permanente;
- **resistência:** é a propriedade de transmitir as forças internamente, dos pontos de aplicação das cargas aos apoios, avaliada pela maior tensão a que o material pode resistir;
- **rigidez:** é uma propriedade dos materiais elásticos que determina que, quanto mais rígido for o material, menor será a sua deformação para uma mesma solicitação;
- **tenacidade:** é a propriedade que determina que, quanto mais tenaz for um material, maiores serão as deformações que ele sofrerá antes de se romper.

FIQUE DE OLHO!

- **Materiais homogêneos** apresentam as mesmas características mecânicas, elásticas e de resistência em todos os pontos. Exemplo: madeira.
- **Materiais isotrópicos** apresentam as mesmas características mecânicas elásticas em todas as direções. Exemplo: aço.

AMPLIE SEUS CONHECIMENTOS

Para cada aplicação na obra, existe uma série de ensaios que devem ser realizados. Não se esqueça de consultar as normas técnicas da ABNT.

VAMOS RECAPITULAR?

Neste capítulo, vimos a utilização de elementos metálicos e de suas ligas em várias aplicações na construção civil. É importante conhecer o comportamento dos materiais para evitar patologias nos elementos de acabamento ou mesmo em elementos estruturais.

AGORA É COM VOCÊ!

1. Cite alguns ensaios que podem ser aplicados aos metais e a suas ligas.
2. O que é a elasticidade de um metal?

8

TINTAS

PARA COMEÇAR

Este capítulo tem como objetivo definir os conceitos relacionados a tintas, além de apresentar seus tipos e principais métodos de aplicação.

A história do uso das cores e da pintura se confunde com a própria história da humanidade. Durante a Pré-história, o ser humano, ainda com poucos recursos verbais para compartilhar suas experiências, precisou desenvolver alternativas que ajudassem sua comunicação e perpetuassem a informação. Os índios das Américas, especialmente no que hoje conhecemos como América do Norte, utilizavam vários materiais de origem vegetal nas pinturas e nos cosméticos, além dos minerais retirados de rios e lagos.

Os índios nativos da América do Sul utilizavam penas de pássaros para a confecção de seus apetrechos de pintura. Naquele período, algumas pinturas já apresentavam boa durabilidade. Atualmente, a pintura possui função decorativa ou estética: dar a aparência final da superfície em que for aplicada por meio de cores, brilho, matizes e texturas.

A pintura pode ser considerada uma aplicação de camada para recobrir uma superfície. Suas funções são de proteção ou decoração, podendo ser obtidas pelo uso de tintas e vernizes, por meio de técnicas específicas. Nos dias de hoje, é material obrigatório na construção civil, em especial para proteger e dar acabamento ao substrato. Além disso, oferece melhor higienização dos ambientes, controle de luminosidade e sinalização. Por isso, a pintura é fundamental, já que as tintas são compostos que, quando aplicados sobre a superfície, criam uma película protetora aderente ao substrato. É a primeira camada que sofre com choques, ataques de produtos químicos, umidade do ar, luminosidade e temperatura. A pintura aplicada assume a função de uma camada de sacrifício, que evita a degradação precoce do substrato sobre a qual é aplicada.

Na construção civil, a pintura pode ser classificada como uma camada de acabamento semelhante à uma película aderente, estratificada e de espessura total de 1,0 mm. Os múltiplos estratos são resultados da aplicação de sucessivas demãos de tintas de fundo (*primers*), massas de nivelamento e tintas de acabamento.

A pintura na construção civil é aplicada sobre os mais diversos substratos, como:

- peças de concreto;
- alvenarias aparentes, que reduzem a absorção de água;
- revestimento de argamassa, que protege contra esfarelamento e a ação da umidade, reduz absorção de água e inibe o desenvolvimento de fungos e bolores;
- componentes metálicos e de madeira (esquadrias, gradis, vigamentos etc.), os quais reduzem a absorção de água e protegem contra ação de intempéries, como fogo e água;
- telhas;
- pisos de cimento e madeira.

Para garantir que a tinta permaneça aderida e firme ao substrato, com suas propriedades essenciais mantidas, deve haver uma preocupação com a qualidade dos profissionais selecionados para a obra. Além de preparar a superfície que deve ser pintada, é preciso retirar partículas soltas, mofos, calcinação, trincas, umidade e infiltrações.

8.1 Definições

A tinta é uma dispersão, ou seja, uma mistura de várias substâncias, como veículo, pigmentos, aditivos, água e/ou solventes, em que as partículas sólidas, com dimensões entre 1 μm e 1 nm, estão distribuídas em um componente volátil (água ou solventes orgânicos). Quando aplicada sobre um substrato apropriado, transforma-se em película sólida, resultado da evaporação do componente volátil e/ou reação química. O objetivo é criar decoração, acabamento ou proteção. Em suma, a tinta é uma composição, em geral líquida, que, depois de aplicada sobre a superfície, passa por um processo de secagem e transforma-se em filme sólido.

A variedade de tintas produzidas à base de resinas vinílicas, acrílicas, alquídicas, epóxi, poliuretânicas, fenólicas, silicones, borracha clorada, e ainda outras à base de cal, silicato, cimento ou terra, dificulta a forma de determinar a melhor opção para aplicação em cada superfície.

As propriedades das tintas variam desde lavabilidade, resistência à ação do sol, resistência à corrosão, até flexibilidade, impermeabilidade e facilidade de aplicação.

Os primeiros pigmentos sintéticos surgiram no Egito (entre os anos de 8.000 a.C. a 5.800 a.C.), sendo derivados de materiais como silício, alumínio, cobre e cálcio, além de elementos de origem orgânica. Os ligantes eram produzidos à base de ovo, goma arábica e cera de abelha. Para pintar as porcelanas, os chineses e japoneses utilizavam materiais orgânicos e minerais, tais como azurita, malaquita, pós de ouro, carbonato de cobre, caulim e zarcão. A tinta a óleo com aglutinantes também foi utilizada por vários séculos, mas não é bem indicada pela demora na secagem. Mais tarde, houve uma importante mudança na história das tintas: foram introduzidos catalisadores como aceleradores do processo de secagem. As tintas empregavam óleo de linhaça, pigmentos e um elemento volátil com grande poder de cobertura.

Já na construção civil, a pintura tem uma função fundamental, uma vez que existem muitas áreas que necessitam de pintura, o que significa custos altos. Há uma tendência em considerar a pintura como decorativa, porém, além de decorar e proteger o substrato, a tinta oferece higienização aos ambientes, além de sinalizar, identificar, isolar termicamente e controlar a luminosidade. A cor selecionada pode ainda influenciar psicologicamente as pessoas.

8.1.1 Composição das tintas

Nos dias atuais, as tintas, que são compostos líquidos ou em pó, são formadas basicamente por quatro elementos: resinas, pigmentos, solventes e aditivos. Os pigmentos são responsáveis pela cor e cobertura; os ligantes ou as resinas aderem e dão liga aos pigmentos; já os solventes oferecem a consistência desejada. No mercado, há uma variedade de aditivos, que são utilizados por aperfeiçoarem uma série de características e tipos específicos de tintas, sejam os solventes à base de água ou orgânicos.

- **Solvente:** é responsável por regular a viscosidade da tinta para facilitar a aplicação e dissolução da resina, o que proporciona melhor contato entre a superfície e a tinta. Além disso, é usado para solubilizar os componentes, reduzir o tempo de secagem e a espessura das tintas. Após a aplicação da tinta, o solvente evapora e deixa uma película de pigmentos com a resina. Podem ser usados como solventes as porções líquidas: água, álcool, aguarrás, entre outros. Existem duas classificações básicas para tintas: base de óleo ou solventes e base de água. Com diferentes funções, dependendo do tipo, a tinta mantém os pigmentos e as resinas dispersas ou dissolvidas em um estado fluido ou com baixa viscosidade, o que facilita a aplicação. Em seguida, a porção líquida evapora totalmente. Normalmente, a resina não reage com os constituintes da tinta. A porção volátil mais frequente nas tintas à base de óleo é a trupentina (solvente destilado do pinheiro) e os derivados do petróleo como xilol, toluol etc., que dissolvem a resina.

- **Resina:** é o material ligante ou aglomerante responsável por aglutinar as partículas de pigmentos e gerar aderência da tinta no substrato. Converte também a tinta do estado líquido para o sólido, criando a película de tinta. A resina é responsável pela fixação da tinta no local de aplicação. Ao fazer uma analogia com o concreto, a resina em relação à tinta tem a mesma função do aglomerante. Deduz-se que uma tinta com pouca ou nenhuma resina terá um desempenho deficiente e, por fim, uma durabilidade extremamente baixa. Vale ressaltar que a caiação é uma tinta que, essencialmente, não contém resina.

- **Pigmentos:** são partículas em pó, insolúveis, divididos em inertes e ativos. Os chamados inertes possuem função de enchimento, textura e resistência à abrasão. Já os ativos promovem cor às tintas. Os pigmentos são sólidos quase totalmente insolúveis e dispersos. Muitos pigmentos são usados em tintas à base de água ou à base de solventes. Por exemplo, o corante é um pigmento solúvel. Os pigmentos básicos são aqueles que proporcionam a brancura ou as cores das tintas. Esses componentes são também a principal fonte do poder de cobertura. O dióxido de titânio é o principal pigmento branco e proporciona uma melhor brancura ao dispersar a luz, além de poder de cobertura em tintas foscas e brilhantes, tanto úmidas como secas ou reumedecidas. O uso de um extensor (ou carga) correto garante o espaçamento adequado das partículas de TiO_2, e isso serve para evitar o acúmulo e a perda do poder de cobertura, especialmente em tintas foscas ou acetinadas. As tintas para ambientes externos com

TiO_2 têm maior tendência à calcinação do que a maioria dos pigmentos coloridos. O pigmento polímero esférico opaco é o segundo pigmento branco mais usado. Esse pigmento é usado em conjunto com o TiO_2 para proporcionar dispersão e espaçamento adicionais. Além disso, pode ajudar a reduzir o custo de formulação da tinta e aprimorar certos aspectos referentes à qualidade. Os pigmentos coloridos proporcionam cor pela absorção seletiva da luz.

- **Aditivos:** responsáveis por gerarem melhorias nas propriedades das tintas. Os aditivos mais comuns são os secantes, plastificantes, bactericidas, antibolhas, reológicos, entre outros.
    - **Secantes:** são o grupo mais importante de aditivos. Não se ligam quimicamente à resina na película seca, agindo mais como um catalisador de reações. Aceleram a secagem das resinas à base de óleos vegetais. Os metais mais empregados na fabricação dos secantes são à base de cobalto, manganês, ferro, chumbo, zinco e zircônio. São usados ainda secantes compostos por metais de terras raras para tintas alquídicas e epóxi com secagem em estufas; secantes naftenatos, estáveis em quase todos os veículos e os secantes octoatos, com odor mais leve e custo menor que os naftenatos. Os catalisadores são usados para acelerar reações que ocorrem lentamente no meio ambiente, porém não integram o produto final. É muito comum confundir o produto reagente com o catalisador em tintas com bicomponentes como as epóxi.

Veja a seguir importantes normas relativas ao uso das tintas na construção civil:

ABNT NBR 14940:2018 – Método para avaliação de desempenho de tintas para edificações não industriais – Determinação da resistência à abrasão úmida

Essa norma estabelece o método para determinação da resistência à abrasão úmida em película seca de tinta, visando avaliar o desempenho de tintas para edificações não industriais, classificadas conforme a ABNT NBR 11702:2010.

ABNT NBR 15303:2018 – Método para avaliação de desempenho de tintas para edificações não industriais – Determinação da absorção de água de massa niveladora

Essa norma estabelece o método para determinar a absorção de água de massa niveladora classificada conforme a ABNT NBR 11702:2011, 4.7.1 e 4.7.2, com base na medição da quantidade de água absorvida durante um período de tempo predeterminado.

ABNT NBR 14943:2018 – Método para avaliação de desempenho de tintas para edificações não industriais – Determinação do poder de cobertura de tinta úmida

Essa norma estabelece um método para determinação do poder de cobertura de uma película úmida de tinta, visando avaliar o desempenho de tintas para construção civil, classificadas de acordo com a ABNT NBR 11702:2010.

ABNT NBR 14944:2017 – Método para determinação da porosidade em película de tinta para avaliação de desempenho de tintas para edificações não industriais

Essa norma especifica o método para determinação da porosidade em uma película seca de tinta, visando avaliar o desempenho de tintas para construção civil.

ANBT NBR 14946:2017 – Método para avaliação de desempenho de tintas para edificações não industriais – Determinação da dureza König

Essa norma estabelece o método para determinação da dureza König de películas de tintas, vernizes e seus complementos, visando avaliar o desempenho de tintas para construção civil, por meio do amortecimento das oscilações do pêndulo König.

ABNT NBR 14942:2016 – Método para avaliação de desempenho de tintas para edificações não industriais – Determinação do poder de cobertura de tinta seca

Essa norma especifica um método para determinação do poder de cobertura de uma película seca de tinta, visando avaliar o desempenho de tintas para construção civil, classificadas conforme a ABNT NBR 11702:2010 Versão Corrigida: 2011.

> **FIQUE DE OLHO!**
>
> No momento de reformar ou pintar a casa, é preciso saber escolher um bom profissional. Às vezes, contratamos um pintor que não cumpre com o combinado, deixando o serviço incompleto. Por isso, é importante seguir alguns passos fundamentais no momento da contratação.
> - procure referências de trabalhos já realizados pelo pintor;
> - antes de iniciar o serviço, converse com o profissional e faça um contrato descrevendo o serviço. Peça que ele assine-o e dê uma via para cada um;
> - combine, antecipadamente, a melhor forma de pagamento.
> - fiscalize diariamente o serviço e confira o resultado;
> - estabeleça um horário para início e término do trabalho. Também é importante deixar marcado um prazo final para a obra. Quando se tem uma área pequena para pintar, uma boa dica é contratar o pintor para uma diária. Ele deverá realizar serviços como envernizagem, textura em parede, pinturas de portas ou paredes simples etc.

8.2 Tintas, vernizes, lacas e esmaltes

A pintura é uma operação muito relevante na construção civil, pois as áreas pintadas são, normalmente, muito extensas, o que acaba implicando num custo alto. Além de decorar e proteger o substrato, a tinta pode oferecer melhor higienização dos ambientes, bem como servir para sinalizar e identificar, isolar termicamente e controlar luminosidade. Pode ainda ter suas cores utilizadas para estimular as pessoas psicologicamente. O resultado final de um sistema de pintura é o produto direto do correto preparo da superfície.

8.2.1 Sistema de pintura

- **Fundo:** usado no preparo da base. O fundo preparador de paredes melhora a coesão de substratos frágeis. Já o Washprimer é a ponte de aderência entre substrato e tinta de acabamento. O selador é usado na uniformização da absorção do substrato.
- **Massa:** usada no nivelamento e na correção de irregularidades, para tornar a superfície mais lisa e homogênea. Indica-se a massa PVA para interiores e a acrílica para exteriores; massa a óleo para madeira.
- **Tinta de acabamento:** indicada para decoração e proteção.

- **Tinta de fundo (ou *primer*):** substância líquida constituída por resinas, solventes (ou água), pigmentos e aditivos, aplicada inicialmente (primeira demão) sobre um substrato. Sua função é preparar a base para receber a massa e/ou a tinta de acabamento, além de ser indicada para diminuir e uniformizar a absorção; isolar quimicamente a tinta do substrato; melhorar a aderência; diminuir o consumo da tinta de acabamento e proteger quimicamente contra corrosão dos metais.
- **Massa de nivelamento:** substância pastosa constituída por resinas solventes (ou água) e cargas resinas solvente (ou água) e cargas inertes, aplicada sobre a superfície já preparada com o fundo; função de corrigir irregularidades e proporcionar superfície com textura lisa.
- **Tintas de acabamento:** são formadas por pigmentos e aditivos. Após ser aplicada e secar (ou curar), converte-se em película sólida, aderente e flexível. Tem a função de acabamento final da pintura.
- **Verniz:** resinas, solventes e aditivos. Após aplicação, o verniz sofre um processo de cura. Converte-se em uma película transparente, aderente e flexível. Os vernizes são aplicados em ambientes externos e internos de madeira. São encontrados nos acabamentos brilhante e fosco e nos padrões mogno, imbuia, cedro e cerejeira e, muitas vezes, podem possuir filtro solar.

AMPLIE SEUS CONHECIMENTOS

TINTA × VERNIZ

A tinta é o material usado para revestir uma determinada superfície; pode ser usada também como substrato, para conferir beleza e proteção. Já o verniz é uma tinta sem pigmentos. Por ter pigmentos, a tinta cobre o substrato, enquanto o verniz o deixa transparente.

Saiba mais no link <https://bit.ly/32OJwQW>. Acesso em: 25 jul. 2019.

8.2.2 Tipos de tinta

Tintas à base de óleo

As tintas à base de óleo oferecem boa cobertura (característica da tinta de cobrir ou mudar a superfície original) e adesão ao substrato aplicado. No caso de aplicações em ambientes externos, algumas tintas tendem a oxidar com o passar do tempo, fazendo com que a película torne-se quebradiça e apresente trincas e fissuras. Em aplicações em ambientes internos, a tinta pode amarelar e, às vezes, apresentar pequenos deslocamentos da película. Essas tintas são mais difíceis de aplicar do que as produzidas com látex, demorando de 8 a 24 horas para que a película aplicada seque. Não devem ser aplicadas sobre superfícies com características alcalinas e, mais especificamente, sobre aquelas que não estão totalmente curadas.

As vantagens das tintas à base de solvente são:

- proporcionar melhor cobertura na primeira demão;
- aderir melhor às superfícies que não estão muito limpas;
- tempo de abertura maior (espaço de tempo em que a tinta pode ser aplicada com pincel antes de começar a secar);
- depois de seca, apresentam maior resistência à aderência e à abrasão.

Tintas à base de PVA

As tintas à base de PVA (acetato de polivinila), feitas à base de água, são mais indicadas para pinturas externas quando comparadas às tintas à base de óleo. Apresentam variedade de cores, retenção de brilho, melhor resistência ao surgimento de fissuras, à radiação ultravioleta e ao desenvolvimento de mofo.

As vantagens das tintas à base de água são:

- maior resistência a rachaduras e lascas;
- melhor flexibilidade no longo prazo;
- maior resistência ao amarelecimento, em áreas protegidas da luz do sol;
- exala menos cheiro;
- pode ser limpa com água;
- não é inflamável.

Em relação à qualidade das tintas e suas variedades, é possível criar opções a partir da quantidade e o tipo de resina, pigmento, porção, líquida e aditiva. O teor de sólidos, o conteúdo de pigmentos e a qualidade de óxido de titânio são os três indicadores da qualidade de uma tinta.

Outra vantagem é a melhor espessura da película, medida pela taxa de espalhamento. Isso gera uma melhor cobertura e uma verdadeira proteção da superfície, o que significa durabilidade.

FIQUE DE OLHO!

PROBLEMAS DURANTE A PINTURA E SUAS PROVÁVEIS CAUSAS

- **Eflorescência:** manchas esbranquiçadas que surgem na parede quando o produto foi aplicado sobre uma superfície úmida ou antes do tempo exigido para a cura do reboco.
- **Fissuras:** rachaduras finas que afetam o reboco. Aparecem quando não se aguarda o tempo de cura ou quando a camada de massa fina é espessa demais.
- **Enrugamento:** ocorre se a camada de tinta está muito espessa ou não houve intervalo suficiente entre as demãos. Outro fator é o uso de tíner como solvente, quando o certo é empregar aguarrás.
- **Crateras:** indicam a presença de óleo, graxa ou água na superfície. Também aparecem quando a tinta é diluída em materiais não recomendados, como gasolina ou querosene.
- **Saponificação:** a alcalinidade da cal e do cimento resulta em manchas, que fazem o látex descascar e impedem a secagem dos esmaltes ou das tintas a óleo. Ocorre quando há tinta aplicada antes da cura do reboco.
- **Manchas em madeira:** são o resultado dos resíduos de soda cáustica (ou similar) usada para retirar a camada de tinta anterior.
- **Bolhas em alvenaria:** em paredes externas, geralmente revelam o uso de massa inadequada. Em ambientes internos, a tinta pode ter sido aplicada sem que a poeira do lixamento tenha sido totalmente removida.
- **Descascamento em alvenaria:** significa que a tinta não aderiu. Ocorre quando o produto é aplicado sobre cal ou em uma superfície empoeirada.
- **Escorrimento:** ocorre quando a tinta é diluída em excesso ou em um solvente errado.

Tinta econômica

A tinta econômica corresponde ao menor nível de desempenho de uma tinta látex, independentemente do tipo de acabamento proporcionado. Deve atender às especificações indicadas na norma ABNT NBR 15079:2011, quando for usada em pintura de acabamento de edificações não industriais. Essa norma estabelece os requisitos e os critérios mínimos para os três níveis de desempenho das tintas látex foscos nas cores claras, quando utilizadas como acabamento em paredes, muros ou fachadas de edificações não industriais. A norma ABNT NBR 15079:2011 estabelece também os requisitos mínimos para o menor nível de desempenho de uma tinta látex e tinta látex econômico, quando utilizada como acabamento de edificações não industriais, independentemente do tipo de acabamento proporcionado.

Tintas standard e premium

Indicadas para ambientes interiores e/ou exteriores. Devem atender às especificações da ABNT NBR 15079:2011, quando usadas como pintura de acabamento de edificações não industriais.

Laca

Este tipo é parecido com a pintura de automóveis. Existe um passo a passo para laquear:

- para começar, é necessário lixar;
- depois, passa-se uma resina, um *prime*, para deixar a madeira bem lisa e corrigir as imperfeições;
- a tinta pode ser aplicada.

Esse tipo de pintura requer um preparo perfeito, pois, por se tratar de pintura com brilho, as falhas logo aparecem. Os tipos de móveis laqueados com mais frequência são racks, aparadores, mesas de centro e laterais, painéis de parede, armários, bases para mesa de jantar e até portas de entrada, dando mais refinamento ao imóvel.

A laca branca é a mais usada e costuma servir de base para outras cores na pintura. A laca amarela, a laca preta e outras cores de laca (como azul, vermelho, turquesa, laranja, bege, caramelo e marsala) costumam ser as mais escolhidas, desde que tal tinta voltou ao cenário da decoração.

Esmalte

O esmalte (também chamado de esmalte sintético) era uma tinta produzida com base a óleo. Atualmente, sua composição é similar à tinta com base a óleo, mas sua fórmula é sintética, o que a torna insolúvel em água. O acabamento das tintas com esmalte sintético oferece alto brilho, mesmo nas versões foscas, criando uma "película" onde é aplicada.

Os esmaltes e óleos são indicados para usos externo e interno, com acabamentos que variam do brilhante, acetinado ao fosco.

A tinta de esmalte é uma designação genérica e popular que abrange todas as tintas que curam por simples evaporação do solvente e cuja resina está dissolvida. O seu acabamento é opaco, duro e muito brilhante. Este tipo de tinta tem esse nome por conferir acabamento muito brilhante, similar aos esmaltes vítreos, apesar de a sua composição, propriedades e processo de fabrico ser muito distinto.

Como o filme sólido que se forma após evaporação do solvente pode ser novamente dissolvido pelo solvente, os esmaltes não são adequados em aplicações em que a resistência química da tinta é importante. No entanto, possuem uma boa resistência aos raios ultravioleta.

8.3 Métodos de aplicação

No momento de combinar as cores, existem alguns erros comuns, como utilizar muitas cores de uma vez só, preferir tons neutros ou ignorar o tipo de acabamento da tinta. Não é indicado selecionar a cor da tinta apenas com base na decoração de um ambiente. A sugestão é escolher uma cor parecida, mas em uma tonalidade mais suave do que a referência principal.

8.3.1 Meios e métodos de aplicação

A tinta pode ser aplicada em estado sólido, sob a forma de suspensão gasosa ou em estado líquido. As técnicas variam, dependendo da prática ou dos resultados desejados.

- **Estado sólido:** em aplicações industriais e automobilísticas, a tinta é aplicada como um pó extremamente fino, que, em seguida, é "cozido" a altas temperaturas (160 ºC a 200 ºC). Essa ação funde o pó e faz com que ele adira à superfície. Isso ocorre por causa da química da tinta, da superfície e da própria química do substrato. Esse tipo de tinta é comumente conhecido como tinta em pó, e a sua aplicação é denominada lacagem.
- **Aerossol:** como suspensão gasosa, a tinta passa à alta pressão numa pistola que a projeta sobre a superfície que será pintada. Isso ocorre porque:
  - o mecanismo de aplicação é o ar e, por isso, nenhum objeto sólido é introduzido entre o objeto e a pistola;
  - a distribuição da tinta é muito uniforme e não existem texturas na superfície;
  - é possível aplicar pequenas quantidades de tinta;
  - algumas reações químicas na tinta envolvem a orientação das moléculas da tinta.
- **Estado líquido:** em meio líquido, a aplicação pode ser feita diretamente por meio do mergulho das peças em tinta, cortina, trinchas, rolos, espátulas e outros instrumentos, como bonecas (pedaços de tecido), luvas e os próprios dedos da mão.

Passo a passo para realizar a pintura de uma parede

Afaste móveis, tire os objetos da parede (quadros, cortinas, espelhos de tomada) e forre o chão e os móveis (fixe com fita crepe). Passe fita crepe ao redor da área que será pintada (rodapé, roda-teto, batentes, juntas de paredes).

I. **Lixar a superfície:** lixe as paredes com lixa 220 ou 240 (mais finas) caso a superfície esteja firme e sem muito excesso no reboco; ou lixa 80 ou 100 (mais grossas) nas partes em que a superfície estiver mais espessa. Com a palma das mãos, verifique se a superfície está lisa o suficiente para receber o selador.

II. **Aplicar o selador:** abra a lata de selador, misture-a bem para que o material fique uniforme, coloque uma quantidade na bandeja de aplicação e, com o rolo de lã (23 cm de largura), aplique-o na parede em movimentos para cima e para baixo. Repita a aplicação por todas as paredes do cômodo.

> **FIQUE DE OLHO!**
> Verifique na lata de tinta qual a diluição recomendada pelo fabricante. Esse valor geralmente é entre 10% e 20% para os seladores.

III. **Aplicar massa corrida:** aplique a massa corrida com uma desempenadeira e com o auxílio de uma espátula para passar nos cantos. Identifique também os pequenos buracos que ainda podem ter ficado na parede e os corrija com massa corrida, aplicando-a com uma espátula. Deixe secar por duas ou três horas e, em seguida, passe a lixa para regularizar a superfície. Aplique o selador sobre a massa corrida. O selador vai reduzir o consumo de tinta.

IV. **Aplicar primeira demão de tinta:** leia as orientações de aplicação do fabricante na lata da tinta. Abra a lata de tinta, faça a diluição recomendada e misture para que o material fique uniforme. Abra a tinta e mexa-a bem com o misturador ou a ripa de madeira. Coloque uma boa quantidade na bandeja de aplicação (que deve estar limpa e seca). Pegue o rolo de lã de carneiro e envolva-o em toda a tinta, sem excessos, evitando que ele fique muito encharcado. Inicie a aplicação sobre a superfície em movimentos uniformes de vai-e-vem, cobrindo toda a superfície. Repita o movimento até que toda a parede receba a tinta de maneira uniforme. Mergulhe o rolo na tinta sem encharcá-lo e tire o excesso na própria bandeja ou caçamba. Se ficar carregado, ele não vai rolar na parede, mas deslizar.

V. **Aplicar segunda demão de tinta:** faça de novo o contorno rente à fita crepe com a trincha e passe a segunda demão com o rolo da mesma forma da primeira. Se a cobertura ainda não estiver boa, espere secar quatro horas e aplique a terceira demão. Assim que terminar a última demão e antes que ela seque, retire a fita crepe. Lave o material com água corrente e seque-o bem antes de guardá-lo para poder usá-lo novamente. Depois que a última demão secar, limpe o chão e recoloque os móveis e objetos nas paredes.

8.4 Ferramentas para pintura

8.4.1 Pincéis

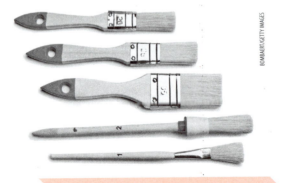

Figura 8.1 - Pincéis de diversos tamanhos.

MATERIAIS DE CONSTRUÇÃO

São utilizados na aplicação de esmaltes, impregnantes, vernizes, tintas látex e complementos para pintar cantos, recortes e pequenas áreas.

8.4.2 Trincha

Figura 8.2 - Exemplo de trincha.

A trincha é o método de aplicação mais antigo e, até hoje, tem grande utilidade, sendo considerada uma ferramenta insubstituível na pintura industrial. Aspectos importantes dessa ferramenta incluem largura, diâmetro e dureza das fibras. Para pintura de áreas grandes, utilizar trinchas de até 5". Para pintura de pequenas áreas, utilizar trinchas de 1 a 1 ½".

Durante a pintura, é importante observar se há desprendimento das fibras da trincha durante a aplicação. Fibras deixadas na película de tinta são possíveis pontos de corrosão no futuro. Na pintura industrial, a trincha deve ser usada na pintura de *stripe coat* ou pintura de reforço em cordões de solda, cantos, quinas, regiões com pites severos, acessórios etc. A trincha é indicada para pintura de peças de pequena dimensão, como tubulações de pequeno diâmetro, estruturas leves, cantoneiras etc.

8.4.3 Rolo

Figura 8.3 - Rolo para pintura.

Fazer uma pintura com rolo tem a vantagem de melhorar o rendimento produtivo, principalmente em relação à trincha. Por ser também um método de aplicação por espalhamento, a espessura final pode apresentar grande variação. O movimento do rolo não deve se restringir a um único sentido. Fazer passes cruzados com rolo uniformiza tanto a película quanto a espessura. Recomenda-se que a primeira demão seja em um sentido e a segunda, em outro sentido. É indicado fazer *overlapping* de 5 cm entre faixas adjacentes.

O rolo utilizado em pintura industrial é confeccionado com pelos de carneiro. O rolo epóxi de pelos aparados é recomendável para pintura de tintas do tipo epóxi. Rolos de espuma não resistem a solventes orgânicos e se desmancham, deixando na película alguns grumos de espuma. Os defeitos mais comuns na aplicação tanto da trincha quanto do rolo são espessuras variáveis, estrias, impregnação de pelos e fibras, acabamento rugoso etc.

A tinta é uma composição líquida, geralmente viscosa, constituída de um ou mais pigmentos dispersos em um aglomerante líquido, que, ao sofrer um processo de cura quando estendida em película fina, forma um filme opaco e aderente ao substrato. Esse filme tem a finalidade de proteger e embelezar as superfícies. Os testes mais representativos são os de lavabilidade, coberturas úmida e seca e porosidade.

Os tipos de rolos para pintura e suas respectivas utilizações são:

- **rolos de lã de carneiro e lã sintética:** utilizados para aplicação de tintas látex;
- **rolos de lã sintética de cerdas baixas:** possuem pelos mais curtos para aplicação de produto epóxi e tintas látex;
- **rolos de espuma de poliéster:** desenvolvidos para a aplicação de esmaltes, vernizes e complementos;
- **rolos de espuma rígida:** utilizados na aplicação de acabamentos texturizados.

8.4.4 Espátulas de aço

Figura 8.4 Espátula.

As espátulas são utilizadas para aplicação de massas niveladoras, texturas ou para remoção de tinta seca.

8.4.5 Desempenadeira

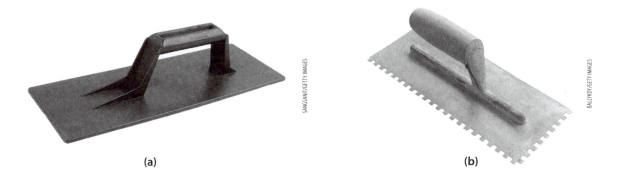

Figura 8.5 - Desempenadeira de plástico rígido (a) e de aço (b).

As desempenadeiras de aço são utilizadas para aplicação de massas niveladoras ou texturas. Já as desempenadeiras de plástico rígido são indicadas apenas para a aplicação de texturas.

8.4.6 Lixas

Figura 8.6 - Lixa.

As lixas são utilizadas para uniformizar a superfície e criar aderência para a tinta.

8.4.7 Escovas de aço

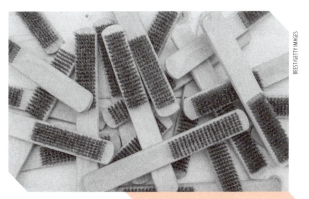

Figura 8.7 - Escova de aço.

As escovas de aço são utilizadas para eliminar partes soltas ou mal aderidas à superfície que será pintada.

TINTAS 163

8.4.8 Pistola ou revólver para pintura

Figura 8.8 - Revólver para pintura.

As pistolas para pintura são utilizadas para aplicação de esmaltes e vernizes.

VAMOS RECAPITULAR?

Neste capítulo foram tratados temas relacionados a tintas. Foram abordados os tipos de tinta, suas composições, métodos de aplicação, normas regulamentadoras e ferramentas para pintura.

AGORA É COM VOCÊ!

1. Pesquise a respeito de ensaios realizados nas tintas a seguir:

    a. Tintas látex econômicas

    Determinação da resistência à abrasão sem pasta abrasiva – ABNT NBR 15078:2004.
    Determinação do poder de cobertura de tinta seca – ABNT NBR 14942:2016.
    Determinação do poder de cobertura de tinta úmida – ABNT NBR 14943:2018.

    b. Tintas látex standard e premium

    Determinação da resistência à abrasão com pasta abrasiva – ABNT NBR 14940:2018.
    Determinação do poder de cobertura de tinta seca – ABNT NBR 14942:2016.
    Determinação do poder de cobertura de tinta úmida – ABNT NBR 14943:2018.

9 POLÍMERO NA CONSTRUÇÃO CIVIL

PARA COMEÇAR

Este capítulo tem como objetivo definir os conceitos de polímeros, apresentar os tipos de materiais, seus materiais constituintes e as principais técnicas de execução.

A área de engenharia de materiais tem uma subdivisão que é denominada engenharia de polímeros. Essa subdivisão está relacionada ao desenvolvimento de materiais poliméricos, às suas aplicações e aos processos de polimerização.

Quando as moléculas poliméricas se combinam, ocorrem as polimerizações. Esse tipo de material é muito versátil, o que possibilita a sua utilização em muitas aplicações tecnológicas.

Os polímeros que são utilizados na construção civil são materiais básicos para se obter uma boa qualidade e quantidade. Esses materiais plásticos podem ser utilizados, por exemplo, no revestimento de pavimentos de indústrias e de centros de distribuição, em canalizações, artigos sanitários, puxadores, fechos, colas, no acabamento interior de paredes etc.

Os polímeros que são usados na construção civil apresentam soluções tecnológicas que têm contribuído para a redução dos custos construtivos, contribuindo para o aumento da qualidade das obras.

O polímero possui vantagens intrínsecas aos materiais plásticos (termoplásticos ou termofixos), e, a partir das mais recentes descobertas relacionadas aos polímeros (incluindo nanotecnologia), os plásticos de engenharia estão presentes no cotidiano das pessoas, como os plásticos tradicionais, tendo como diferencial atender a requisitos que antes não podiam ser satisfeitos.

9.1 Definições e normas técnicas

Para compreender os polímeros, é importante conhecer algumas definições básicas:

- **Polímeros:** são macromoléculas formadas a partir de unidades estruturais menores denominadas monômeros. Em geral, os polímeros contêm os mesmos elementos e as mesmas proporções relativas que seus monômeros, mas em maior quantidade absoluta.
- **Monômeros:** são moléculas de baixa massa molecular que, a partir das reações de polimerização, geram a macromolécula polimérica. As unidades repetitivas, chamadas de mero, provêm da estrutura do monômero.
- **Grau de polimerização:** é o número de unidades estruturais repetidas, ou seja, o número de meros que podem ser observados na estrutura de uma macromolécula.
- **Polimerização:** é uma reação química em que as moléculas menores (monômeros) se combinam quimicamente (por valências principais) para formar moléculas longas, mais ou menos ramificadas com a mesma composição centesimal. Estes podem formar-se por reação em cadeia ou por meio de reações de poliadição ou policondensação. A polimerização pode ser reversível e pode ser espontânea ou provocada (por calor ou reagentes). Por exemplo, o etileno é um gás que pode polimerizar-se por reação em cadeia, em temperatura e pressão elevadas e na presença de pequenas quantidades de oxigênio gasoso, resultando em uma substância sólida, o polietileno. A polimerização do etileno e outros monômeros pode ocorrer em pressão normal e baixa temperatura mediante catalisadores. Assim, é possível obter polímeros com cadeias moleculares de estrutura muito uniforme.

É possível identificar os polímeros de acordo com os sistemas de ligações e a constituição estrutural: termoplásticos e termoendurecíveis.

- **Polímeros termoplásticos:** são aqueles polímeros que, quando sob efeito de pressão e temperatura, tornam-se mais moles, assumindo, assim, a forma do molde. O processo é reiniciado com uma nova mudança de temperatura e de pressão, o que significa que os polímeros termoplásticos são recicláveis.
- **Polímeros termoendurecíveis, polímeros termofixos ou polímeros termorrígidos:** amolecem sob o efeito de pressão e temperatura, assumindo também a forma do molde. Contudo, quando expostos a uma nova alteração de pressão e temperatura, nada acontece. Dessa forma, os polímeros termoendurecíveis são materiais insolúveis e não recicláveis.

A normas técnicas da ABNT relativas aos polímeros são as seguintes:

ABNT NBR 15885:2010 – Membrana de polímero acrílico com ou sem cimento, para impermeabilização

Essa norma especifica os requisitos mínimos exigíveis para membrana de polímero acrílico com ou sem cimento. Ela é industrializada e pronta para uso, destinada a impermeabilizar estruturas em contato constante ou eventual com a água.

ABNT NBR 14948:2003 – Microrrevestimentos asfálticos a frio modificados por polímero – Materiais, execução e desempenho

Essa norma estabelece as especificações empregadas na elaboração dos projetos de mistura, no controle tecnológico e de qualidade dos materiais, no processo executivo e na aceitação dos serviços de microrrevestimentos asfálticos a frio modificados por polímero.

ABNT NBR 10495:2010 – Fios e cabos elétricos – Determinação da quantidade de gás ácido halogenado emitida durante a combustão de materiais poliméricos

Essa norma especifica o método de ensaio para a determinação da quantidade de gás ácido halogenado (que não o ácido fluorídrico) emitido durante a combustão do elemento construtivo de fios e cabos, com base em polímeros halogenados e componentes que contenham aditivos halogenados.

ABNT NBR 9023:2015 – Termoplásticos – Determinação do índice de fluidez

Essa norma estabelece o método para determinação da fluidez, em unidades arbitrárias, de materiais termoplásticos no estado fundido, sob condições especificadas de temperatura e pressão.

> **FIQUE DE OLHO!**
>
> Os polímeros sintéticos (plásticos) estão presentes no cotidiano de todos neste início de século XXI. Contudo, são considerados os grandes responsáveis pelo aumento na produção de lixo urbano. Por serem moléculas gigantescas, são usados para a fabricação de inúmeros produtos. Assim, representam grandes riscos ao meio ambiente, porque possuem grande durabilidade. Não são biodegradáveis (não são decompostos por microrganismos) e, por isso, poluem o meio ambiente por muitos anos. As sacolas plásticas, por exemplo, possuem um tempo de decomposição na natureza estimado em mais de 100 anos.

9.2 Tipos de polímeros e suas utilizações

Na construção civil são utilizados polímeros naturais e polímeros sintéticos. Entre os polímeros naturais encontram-se a lã, o asfalto, a borracha, o couro, a madeira e o algodão. Dentre os polímeros sintéticos estão, por exemplo, a resina epoxídica, o poliuretano e os poliésteres. Todos esses materiais são amplamente utilizados em diversas indústrias, desempenhando um papel de relevância em inúmeras atividades econômicas.

9.2.1 Resina epoxídica – Termofixo

Esse tipo de resina endurece quando misturada a um agente catalisador ou "endurecedor". Ela pode ser um adesivo para unir vários materiais, como tintas de alta resistência. Podem ser usadas para preencher vazios e fazer revestimentos duráveis.

9.2.2 Poliésteres – Termoplástico ou Termorrígido

Esse tipo é do grupo funcional éster na sua cadeia principal. Consiste em :

- **Politereftalato de etileno (PET):** é uma resina de engenharia. Possui boa resistência mecânica, térmica e química, sendo de fácil reciclagem.

- **Policarbonato (PC):** é transparente e translúcido como vidro e altamente resistente ao impacto. Possui boa estabilidade dimensional e boas propriedades elétricas, além de ser resistente à chama e ser de fácil reciclagem.
- **Polihidroxialcanoatos (PHA):** é o termo dado ao grupo de poliésteres produzidos por microrganismos a partir de vários substratos de carbono. Um dos poliésteres desse grupo é o PHB (Poli-3-hidroxibutirato), um termoplástico biodegradável sintetizado por fermentação submersa a partir de matérias-primas renováveis. É um material duro e quebradiço.

> **FIQUE DE OLHO!**
>
> **POLÍMEROS TERMOPLÁSTICOS**
> - **Policarbonato (PC):** entre suas aplicações estão CDs, garrafas, recipientes para filtros, divisórias, vitrines etc.
> - **Poliuretano (PU):** entre suas aplicações estão chapas, revestimentos, esquadrias, molduras, filmes, estofamento de automóveis, polias, isolamento em refrigeradores industriais e domésticos e correias.
> - **Policloreto de vinilo ou cloreto de polivinila (PVC):** entre suas aplicações estão portas sanfonadas, divisórias, telhas translúcidas, persianas, perfis, esgoto e ventilação, tubos e conexões para água, molduras para teto e parede e esquadrias.
> - **Poliestireno (PS):** entre suas aplicações estão peças de máquinas e de automóveis, grades de ar-condicionado, brinquedos, fabricação de gavetas de geladeira, isolante térmico, matéria-prima do isopor.
> - **Polipropileno (PP):** entre suas aplicações estão recipientes para alimentos, remédios, brinquedos, produtos químicos, fibras, sacarias, carcaças para eletrodomésticos, carpetes, material hospitalar esterilizável, seringas, autopeças e peças para máquinas de lavar.
> - **Polietileno Tereftalato (PET):** entre suas aplicações estão embalagens para refrigerantes, água mineral, produtos de limpeza, condimentos e alimentos. Também é utilizado em reciclagem servindo a inúmeras finalidades, como tecidos, sacarias, fios e vassouras.
> - **Plexiglas:** entre suas aplicações está o vidro plástico.

9.2.3 Polímeros termorrígidos, termofixos ou termoendurecível

Os polímeros termoendurecíveis, também conhecidos por polímeros termofixos, ou polímeros termorrígidos, são aqueles que amolecem sob o efeito de pressão e temperatura, assumindo também a forma do molde. Contudo, quando expostos a uma nova alteração de pressão e temperatura, nada acontece. Dessa forma, os polímeros termoendurecíveis são materiais insolúveis e não recicláveis. Alguns exemplos são:

- **Baquelite:** é usada em tomadas, telefones antigos e no embutimento de amostras metalográficas.
- **Epóxis:** é utilizado nas indústrias química, elétrica e tecnológica, aeronáutica, construção civil e pintura de pisos.
- **Poliéster:** é utilizado em carrocerias, caixas d'água, piscinas, dentre outros, na forma de plástico reforçado (fiberglass).
- **Elastômeros:** é utilizado na fabricação de borrachas.
- **Poliisopreno:** é utilizado na fabricação de borracha semelhante às naturais.

9.3 Propriedades mecânicas dos polímeros

As propriedades mecânicas são aquelas que caracterizam os polímeros quanto ao seu comportamento em uma escala macroscópica.

Algumas das características que podem ser analisadas são chamadas de propriedades mecânicas, que refletem a resposta ou deformação dos materiais ao serem submetidos a uma carga.

9.3.1 Módulo elástico (Módulo de Young)

O módulo de Young quantifica a elasticidade dos materiais. Ele é obtido na parte da curva de tensão-deformação, em que existe deformação elástica (parte linear da curva). Para pequenas deformações, é estabelecido como a proporção de taxa de mudança de tensão para deformação. Esta propriedade é bastante relevante em aplicações poliméricas que envolvam as propriedades físicas dos polímeros, sendo muito dependente da temperatura. A viscoelasticidade descreve uma resposta elástica complexa dependente do tempo, que exibirá uma histerese na curva de tensão-deformação quando a força for removida. A Análise Dinâmico-Mecânica (DMA) mede este módulo por meio da oscilação da força, medindo a deformação resultante como uma função do tempo.

Além disso, os polímeros apresentam as seguintes características:

- **Grau de cristalinidade:** o módulo de elasticidade é amplificado quando o grau de cristalinidade aumenta.
- **Massa molar:** em um polímero amorfo, o módulo elástico aumenta com o aumento da massa molar; entretanto, o aumento tende a não ser grande. Em polímeros semicristalinos, depende do efeito da massa molar sobre a cristalinidade. Diminuição da massa molar pode provocar aumento do grau de cristalinidade, resultando num aumento do módulo.
- **Cargas e aditivos:** em geral, cargas minerais aumentam o módulo, enquanto plastificantes o diminuem.
- **Temperatura:** o módulo de elasticidade é bastante dependente da temperatura, porém, deve-se também levar em consideração a amorficidade e cristalinidade do polímero e suas temperaturas de transição. Em geral, o aumento da temperatura faz com que o módulo de elasticidade diminua.
- **Umidade:** em polímeros que absorvem pouca ou nenhuma água, não há influência significante entretanto, em polímeros que podem formar ligação de hidrogênio com a água, há um grande efeito, em que o aumento da umidade leva à redução do módulo elástico do material.

9.4 Forças e ensaios mecânicos

Os polímeros são constantemente submetidos a forças que podem ser aplicadas por meio de tração (*tensile*), compressão (*compression*), flexão (*bending*), cisalhamento (*shear*) e torção (*torsion*). Para quantificar essas forças, podem ser realizados vários ensaios mecânicos, que fornecem informações importantes sobre as propriedades dos materiais analisados.

9.4.1 Tração

A resistência que um material apresenta em relação ao esforço normal de tração indica quanto estresse é gerado a partir do alongamento que ele pode suportar até o ponto de falha estrutural. Essa característica mecânica é muito importante em aplicações que dependem da resistência física ou da durabilidade de um polímero.

Em geral, a resistência do material à tração aumenta com o comprimento da cadeia polimérica e a reticulação das cadeias poliméricas.

A quantificação da resistência à tração de um material pode ser obtida por meio do ensaio de tração (ASTM-D638), que pode ser feito em uma velocidade constante (medindo a progressão de força para a deformação) ou por meio de uma tensão fixa que atua durante um longo tempo no corpo de prova.

9.4.2 Compressão

A resistência à compressão de um material indica a quantidade de força aplicada a uma velocidade de deformação constante, que será necessária para comprimir ou romper um corpo de prova colocado entre duas placas paralelas controladas.

O ensaio de compressão (ASTM-D695) serve para obter a quantificação da resistência à compressão. Nele, o corpo de prova (geralmente cilíndrico) é comprimido a uma velocidade constante até colapsar. Geralmente, esse ensaio é utilizado em materiais estruturais, principalmente aqueles que contêm fibras.

9.4.3 Flexão

Indica o quanto um corpo de prova de determinado material consegue resistir à flexão antes de ser deformado ou rompido.

A quantificação dessa resistência pode ser obtida por meio do ensaio de flexão (ASTM-D790), no qual o corpo de prova é submetido em três ou quatro pontos. Um desses pontos é onde a carga é aplicada. Após a aplicação da carga e a ação das forças de compressão e tração, o material é deflexionado até se romper.

9.4.4 Cisalhamento

A força de cisalhamento é um tipo de tensão provocada por forças aplicadas em sentidos iguais ou opostos, com direções parecidas, mas com intensidades diferentes.

A resistência de um material ao cisalhamento tem sua quantificação por meio do ensaio de cisalhamento (ASTM-D3080). Ele é realizado com aplicação de carga em velocidade lenta, para que os resultados não sejam afetados. O corpo de prova é colocado entre duas partes móveis da máquina de ensaio e, então, transmite-se uma força de cisalhamento à seção transversal do corpo de prova ao aplicar uma tensão de tração ou compressão no dispositivo. No decorrer do ensaio, esta força será aumentada até que ocorra a ruptura do corpo de prova.

9.4.5 Torção

A torção é um esforço mecânico aplicado em sentido de rotação.

A quantificação da resistência à torção pode ser obtida por meio do ensaio de torção (ASTM-E58883) e é usada na mecânica do material, para que seja medido até que ponto pode se dobrar o material para que se quebre ou rache. Essa pressão aplicada é chamada de torque.

Uma extremidade do corpo de prova é fixada na cabeça giratória da máquina de torção. A aplicação do momento de torção é feita por essa extremidade. A outra extremidade transmite o momento pelo corpo de prova que está preso até a outra cabeça da máquina. Esta cabeça está ligada a um pêndulo, cujo desvio é proporcional a esse momento. Ele é indicado numa escala da máquina, e o corpo de prova fica numa posição na qual seu eixo deve coincidir com o eixo de rotação.

VAMOS RECAPITULAR?

O polímero está cada vez mais sendo utilizado na construção civil. É um produto que oferece praticidade na montagem de sistemas hidráulicos e elétricos, além de permitir o acabamento de fachadas de prédios de maior qualidade.

AGORA É COM VOCÊ!

1. Pesquise a importância do uso de polímeros no acabamento de interiores.
2. Pesquise as principais aplicações do uso de polímeros na confecção de produtos de segurança do trabalho.

BIBLIOGRAFIA

ABNT. **Associação Brasileira de Normas Técnicas.** 2006. Disponível em:<www.abnt.org.br>. Acesso em: 18 jan. 2014.

_____. **NBR 10036:2002** - Materiais refratários conformados para fornos rotativos - Características gerais - Especificação. São Paulo, 2002. 6 p.

_____. **NBR 10237:2001** - Materiais refratários - Classificação. São Paulo, 2001. 7 p.

_____. **NBR 10341:2006** - Agregado graúdo para concreto - Determinação do módulo de deformação estático e do diagrama tensão-deformação em rocha matriz - Método de ensaio. São Paulo, 2006. 5 p.

_____. **NBR 10342:2012** - Concreto - Perda de abatimento - Método de ensaio. São Paulo, 2012. 2 p.

_____. **NBR 10358:2012** - Materiais refratários para uso geral - Requisitos. São Paulo, 2012. 4 p.

_____. **NBR 10359:2012** - Materiais refratários - Determinação da porcentagem de água em massa ligada a piche para tamponamento de furo de gusa. São Paulo, 2012. 2 p.

_____. **NBR 10585:2010** - Materiais refratários conformados para alto-forno - Requisitos. São Paulo, 2010. 6 p.

_____. **NBR 10586:2010** - Materiais refratários para regeneradores de alto-forno - Requisitos. São Paulo, 2010. 4 p.

_____. **NBR 10786:2013** - Concreto endurecido - Determinação do coeficiente de permeabilidade à água. São Paulo, 2013. 6 p.

_____. **NBR 10787:2011** - Concreto endurecido - Determinação da penetração de água sob pressão. São Paulo, 2001. 6 p.

_____. **NBR 10908:2008** - Aditivos para argamassa e concreto - Ensaios de caracterização. São Paulo, 2008. 17 p.

_____. **NBR 10957:2010** - Materiais refratários não conformados - Preparação de corpos de prova de massa de socar, de projeção e plásticos. São Paulo, 2010. 3 p.

_____. **NBR 11173:1990** - Projeto e execução de argamassa armada - Procedimento. São Paulo, 1990. 10 p.

_____. **NBR 11220:2010** - Materiais refratários não conformados - Preparação de corpos de prova de massas para tamponamento de furos de gusa de alto forno. São Paulo, 2010. 4 p.

_____. **NBR 11221:2010** - Materiais refratários não conformados - Determinação da densidade aparente. São Paulo, 2010. 2 p.

_____. **NBR 11222:2010** - Materiais refratários densos não conformados - Determinação das resistências à flexão e à compressão à temperatura ambiente. São Paulo, 2010. 5 p.

_____. **NBR 11223:2010** - Materiais refratários não conformados - Preparação de corpos de prova de massas para canais de corrida de alto forno. São Paulo, 2010. 2 p.

_____. **NBR 11302:1989** - Refratários aluminosos - Análise química - Método de ensaio. São Paulo, 1989. 7 p.

_____. **NBR 11303:1990** - Análise química de materiais refratários aluminosos por espectrometria de fluorescência de raios X - Método de ensaio. São Paulo, 1990. 12 p.

_____. **NBR 11578:1991** - Cimento Portland composto - Especificação. São Paulo, 1991. 5 p.

_____. **NBR 11579:2012** - Cimento Portland - Determinação da finura por meio da peneira 75 μm (n° 200). São Paulo, 2012. 4 p.

_____. **NBR 11582:2012** - Cimento Portland - Determinação da expansabilidade Le Chatelier. São Paulo, 2012. 4 p.

_____. **NBR 11706:1992** - Vidros na construção civil - Especificação. São Paulo, 1992. 21 p.

_____. **NBR 11768:2011** - Aditivos químicos para concreto de cimento Portland - Requisitos. São Paulo, 2011. 19 p.

_____. **NBR 12006:1990** - Cimento - Determinação do calor de hidratação pelo método de garrafa de Langavant - Método de ensaio. São Paulo, 1990. 12 p.

_____. **NBR 12052:1992** - Solo ou agregado miúdo - Determinação do equivalente de areia - Método de ensaio. São Paulo, 1992. 10 p.

_____. **NBR 12067:2001** - Vidro plano - Determinação da resistência à tração na flexão. São Paulo, 2001. 3 p.

_____. **NBR 12142:2010** - Concreto - Determinação da resistência à tração na flexão em corpos de prova prismáticos. São Paulo, 2010. 5 p.

_____. **NBR 12173:2012** - Materiais refratários granulados finos - Determinação da massa específica aparente solta. São Paulo, 2012. 3 p.

_____. **NBR 12601:1992** - Materiais refratários - Formatos e dimensões - Padronização. São Paulo, 1992. 17 p.

_____. **NBR 12654:1992** - Controle tecnológico de materiais componentes do concreto - Procedimento. São Paulo, 1992. 6 p.

_____. **NBR 12655:2006** - Concreto de cimento Portland - Preparo, controle e recebimento - Procedimento. São Paulo, 2006. 18 p.

_____. **NBR 12815:2012** - Concreto endurecido - Determinação do coeficiente de dilatação térmica linear - Método de ensaio. São Paulo, 2012. 3 p.

_____. **NBR 12816:2012** - Concreto endurecido - Determinação da capacidade de deformação de concreto submetido à tração na flexão. Método de ensaio. São Paulo, 2012. 8 p.

_____. **NBR 12817:2012** - Concreto endurecido - Determinação do calor específico - Método de ensaio. São Paulo, 2012. 11 p.

_____. **NBR 12818:2012** - Concreto - Determinação da difusividade térmica - Método de ensaio. São Paulo, 2012. 13 p.

_____. **NBR 12819:2012** - Concreto e argamassa - Determinação da elevação adiabática da temperatura - Método de ensaio. São Paulo, 2012. 4 p.

_____. **NBR 12820:2012** - Concreto endurecido - Determinação da condutividade térmica - Método de ensaio. São Paulo, 2012. 10 p.

_____. **NBR 12821:2009** - Preparação de concreto em laboratório - Procedimento. São Paulo, 2009. 5 p.

_____. **NBR 12826:1993** - Cimento Portland e outros materiais em pó - Determinação do índice de finura por meio de peneirador aerodinâmico - Método de ensaio. São Paulo, 1993. 3 p.

_____. **NBR 12856:2014** - Fornecimento de materiais refratários. São Paulo, 2014. 4 p.

_____. **NBR 12860:1993** - Materiais refratários magnesianos - Análise química por espectrometria de fluorescência de raios X - Método de ensaio. São Paulo, 1993. 9 p.

_____. **NBR 12983:2010** - Materiais refratários para vaso de desgaseificação a vácuo (RH). São Paulo, 2010. 6 p.

_____. **NBR 12989:1993** - Cimento Portland branco - Especificação. São Paulo, 1993. 5 p.

_____. **NBR 13070:2012** - Moldagem de placas para ensaio de argamassa e concreto projetados. São Paulo, 2012. 2 p.

_____. **NBR 13100:1994** - Materiais refratários cromomagnesianos - Análise química por espectrometria de fluorescência de raios X - Método de ensaio. São Paulo, 1994. 9 p.

_____. **NBR 13116:1994** - Cimento Portland de baixo calor de hidratação - Especificação. São Paulo, 1994. 5 p.

_____. **NBR 13185:1999** - Materiais refratários densos - Determinação da resistência à erosão à temperatura ambiente. São Paulo, 1999. 10 p.

_____. **NBR 13201:2002** - Materiais refratários conformados - Determinação do escoamento. São Paulo, 2002. 3 p.

_____. **NBR 13202:1997** - Materiais refratários - Determinação da resistência ao choque térmico com resfriamento em água. São Paulo, 1997. 2 p.

_____. **NBR 13318:2011** - Materiais refratários conformados antiácidos.- Requisitos. São Paulo, 2011. 5 p.

_____. **NBR 13319:2010** - Materiais refratários isolantes conformados para uso geral - Requisitos gerais. São Paulo, 2010. 4 p.

_____. **NBR 13320:2012** - Materiais refratários - Determinação da fluidez de concretos refratários convencionais e concretos de fluência livre. São Paulo, 2012. 2 p.

_____. **NBR 13355:2013** - Material refratário - Determinação da vazão de ar através de plugues. São Paulo, 2013. 3 p.

_____. **NBR 13590:1996** - Materiais refratários densos - Determinação da permeabilidade. São Paulo, 1996. 2 p.

_____. **NBR 13753:1996** - Revestimento de piso interno ou externo com placas cerâmicas e com utilização de argamassa colante - Procedimento. São Paulo, 1996. 19 p.

_____. **NBR 13754:1996** - Revestimento de paredes internas com placas cerâmicas e com utilização de argamassa colante - Procedimento. São Paulo, 1996. 11 p.

_____. **NBR 13755:1996** - Revestimento de paredes externas e fachadas com placas cerâmicas e com utilização de argamassa colante - Procedimento. São Paulo, 1996. 11 p.

_____. **NBR 13816:1997** - Placas cerâmicas para revestimento - Terminologia. São Paulo, 1997. 4 p.

_____. **NBR 13817:1997** - Placas cerâmicas para revestimento - Classificação. São Paulo, 1997. 3 p.

_____. **NBR 13818:1997** - Placas cerâmicas para revestimento - Especificação e métodos de ensaio. São Paulo, 1997. 78 p.

_____. **NBR 13847:2012** - Cimento aluminoso para uso em materiais refratários. São Paulo, 2012. 5 p.

_____. **NBR 13906:1997** - Materiais refratários não-conformados granulados e embalados em contêineres - Amostragem. São Paulo, 1997.

_____. **NBR 13958:2013** - Materiais refratários especiais conformados densos para fornos de vidro - Requisitos. São Paulo, 2013. 5 p.

_____. **NBR 13959:2013** - Materiais refratários conformados densos para fornos de vidro - Requisitos. São Paulo, 2013. 10 p.

_____. **NBR 14081-1:2012** - Argamassa colante industrializada para assentamento de placas cerâmicas. -Parte 1: Requisitos. São Paulo, 2012. 5 p.

_____. **NBR 14081-2:2012** - Argamassa colante industrializada para assentamento de placas cerâmicas - Parte 2: Execução do substrato-padrão e aplicação de argamassa para ensaios. São Paulo, 2012. 9 p.

_____. **NBR 14081-3:2012** - Argamassa colante industrializada para assentamento de placas cerâmicas - Parte 3: Determinação do tempo em aberto. São Paulo, 2012. 7 p.

_____. **NBR 14081-4:2012** - Argamassa colante industrializada para assentamento de placas cerâmicas - Parte 4: Determinação da resistência de aderência à tração. São Paulo, 2012. 8 p.

_____. **NBR 14081-5:2012** - Argamassa colante industrializada para assentamento de placas cerâmicas - Parte 5: Determinação do deslizamento. São Paulo, 2012. 6 p.

_____. **NBR 14086:2004** - Argamassa colante industrializada para assentamento de placas cerâmicas - Determinação da densidade de massa aparente. São Paulo, 2004. 2 p.

_____. **NBR 14207:2009** - Boxes de banheiro fabricados com vidro de segurança. São Paulo, 2009. 15 p.

_____. **NBR 14209:1998** - Tubo cerâmico com junta elástica tipos "E", "K" e "O" - Verificação da estanqueidade das juntas e da permeabilidade dos tubos. São Paulo, 1998. 2 p.

_____. **NBR 14210:1998** - Tubo cerâmico com junta elástica tipos "E", "K" e "O" - Verificação da resistência à compressão diametral. São Paulo, 1998. 3 p.

_____. **NBR 14211:1998** - Tubo cerâmico com junta elástica tipos "E", "K" e "O" - Verificação dimensional. São Paulo, 1998. 3 p.

_____. **NBR 14212:1998** - Tubo cerâmico com junta elástica tipos "E", "K" e "O" - Determinação da resistência química das resinas de regularização da bolsa e da ponta. São Paulo, 1998. 2 p.

_____. **NBR 14214:1998** - Anel de borracha para junta elástica tipo "O" de tubos e conexões cerâmicos - Especificação. São Paulo, 1998. 5 p.

_____. **NBR 14641:2001** - Materiais refratários densos conformados - Determinação da velocidade ultra-sônica. São Paulo, 2001. 2 p.

_____. **NBR 14656:2001** - Cimento Portland e matérias-primas - Análise química por espectrometria de raios X - Método de ensaio. São Paulo, 2001. 6 p.

_____. **NBR 14696:2008** - Espelhos de prata. São Paulo, 2008. 13 p.

_____. **NBR 14697:2001** - Vidro Laminado. São Paulo, 2001. 19 p.

_____. **NBR 14698:2001** - Vidro Temperado. São Paulo, 2001. 19 p.

_____. **NBR 14931:2004** - Execução de estruturas de concreto - Procedimento. São Paulo, 2004. 53 p.

_____. **NBR 14992:2003** - A.R. - Argamassa à base de cimento Portland para rejuntamento de placas cerâmicas - Requisitos e métodos de ensaios. São Paulo, 2003. 16 p.

_____. **NBR 15097-1:2011** - Aparelhos sanitários de material cerâmico - Parte 1: Requisitos e métodos de ensaios. São Paulo, 2011. 65 p.

_____. **NBR 15097-2:2011** - Aparelhos sanitários de material cerâmico - Parte 2: Procedimento para instalação. São Paulo, 2011. 15 p.

_____. **NBR 15146-1:2001** - Controle tecnológico de concreto - Qualificação de pessoal - Parte 1: Requisitos gerais. São Paulo, 2001. 15 p.

_____. **NBR 15146-2:2011** - Controle tecnológico de concreto - Qualificação de pessoal - Parte 2: Pavimentos de concreto. São Paulo, 2011. 9 p.

_____. **NBR 15146-3:2012** - Controle tecnológico de concreto - Qualificação de pessoal - Parte 3: Pré-moldado de concreto. São Paulo, 2012. 16 p.

_____. **NBR 15198:2005** - Espelhos de prata - Beneficiamento e instalação. São Paulo, 2005. 17 p.

_____. **NBR 15270-1:2005** - Componentes cerâmicos - Parte 1: Blocos cerâmicos para alvenaria de vedação - Terminologia e requisitos. São Paulo, 2005. 11 p.

_____. **NBR 15270-2:2005** - Componentes cerâmicos. Parte 2: Blocos cerâmicos para alvenaria estrutural - Terminologia e requisitos. São Paulo, 2005. 11 p.

_____. **NBR 15270-3:2005** - Componentes cerâmicos. Parte 3: Blocos cerâmicos para alvenaria estrutural e de vedação - Métodos de ensaio. São Paulo, 2005. 27 p.

_____. **NBR 15310:2009** - Componentes cerâmicos - Telhas - Terminologia, requisitos e métodos de ensaio. São Paulo, 2009. 47 p.

_____. **NBR 15463:2013** - Placas cerâmicas para revestimento - Porcelanato. São Paulo, 2011. 7 p.

_____. **NBR 15558:2008** - Concreto - Determinação da exsudação. São Paulo, 2008. 7 p.

_____. **NBR 15575-1:2013** - Edificações habitacionais - Desempenho Parte 1: Requisitos gerais. São Paulo, 2013. 71 p.

_____. **NBR 15575-2:2013** - Edificações habitacionais - Desempenho - Parte 2: Requisitos para os sistemas estruturais. São Paulo, 2013. 31 p.

_____. **NBR 15575-3:2013** - Edificações habitacionais - Desempenho - Parte 3: Requisitos para os sistemas de pisos. São Paulo, 2013. 42 p.

_____. **NBR 15575-4:2013** - Edificações habitacionais - Desempenho - Parte 4: Requisitos para os sistemas de vedações verticais internas e externas - SVVIE. São Paulo, 2013. 63 p.

_____. **NBR 15575-5:2013** - Edificações habitacionais - Desempenho - Parte 5: Requisitos para os sistemas de coberturas. São Paulo, 2013. 73 p.

_____. **NBR 15575-6:2013** - Edificações habitacionais - Desempenho - Parte 6: Requisitos para os sistemas hidrossanitários. São Paulo, 2013. 32 p.

_____. **NBR 15577-1:2008** - Agregados - Reatividade álcali-agregado - Parte 1: Guia para avaliação da reatividade potencial e medidas preventivas para uso de agregados em concreto. São Paulo, 2008. 11 p.

_____. **NBR 15577-2:2008** - Agregados - Reatividade álcali-agregado - Parte 2: Coleta, preparação e periodicidade de ensaios de amostras de agregados para concreto. São Paulo, 2008. 2 p.

_____. **NBR 15577-3:2008** - Agregados - Reatividade álcali-agregado - Parte 3: Análise petrográfica para verificação da potencialidade reativa de agregados em presença de álcalis do concreto. São Paulo, 2008. 8 p.

_____. **NBR 15577-4:2008** - Agregados - Reatividade álcali-agregado - Parte 4: Determinação da expansão em barras de argamassa pelo método acelerado. São Paulo, 2008. 12 p.

_____. **NBR 15577-5:2008** - Agregados - Reatividade álcali-agregado - Parte 5: Determinação da mitigação da expansão em barras de argamassa pelo método acelerado. São Paulo, 2008. 5 p.

_____. **NBR 15577-6:2008** - Agregados - Reatividade álcali-agregado - Parte 6: Determinação da expansão em prismas de concreto. São Paulo, 2008. 16 p.

_____. **NBR 15812-1:2010** - Alvenaria estrutural - Blocos cerâmicos - Parte 1: Projetos. São Paulo, 2010. 41 p.

_____. **NBR 15812-2:2010** - Alvenaria estrutural - Blocos cerâmicos - Parte 2: Execução e controle de obras. São Paulo, 2010. 28 p.

_____. **NBR 15825:2010** - Qualificação de pessoas para a construção civil - Perfil profissional do assentador e do rejuntador de placas cerâmicas e porcelanato para revestimentos. São Paulo, 2010. 10 p.

_____. **NBR 15845:2010** - Rochas para revestimento - Métodos de ensaio. São Paulo, 2010. 32 p.

_____. **NBR 15900-1:2009** - Água para amassamento do concreto - Parte 1: Requisitos. São Paulo, 2009. 11 p.

_____. **NBR 15900-10:2009** - Água para amassamento do concreto - Parte 10: Análise química - Determinação de nitrato solúvel em água. São Paulo, 2009. 4 p.

_____. **NBR 15900-11:2009** - Água para amassamento do concreto - Parte 11: Análise química - Determinação de açúcar solúvel em água. São Paulo, 2009. 4 p.

_____. **NBR 15900-2:2009** - Água para amassamento do concreto - Parte 2: Coleta de amostras de ensaios. São Paulo, 2009. 2 p.

_____. **NBR 15900-3:2009** - Água para amassamento do concreto - Parte 3: Avaliação preliminar. São Paulo, 2009. 3 p.

_____. **NBR 15900-4:2009** - Água para amassamento do concreto - Parte 4: Análise química - Determinação de zinco solúvel em água. São Paulo, 2009. 3 p.

_____. **NBR 15900-5:2009** - Água para amassamento do concreto - Parte 5: Análise química - Determinação de chumbo solúvel em água. São Paulo, 2009. 3 p.

_____. **NBR 15900-6:2009** - Água para amassamento do concreto - Parte 6: Análise química - Determinação de cloreto solúvel em água. São Paulo, 2009. 8 p.

_____. **NBR 15900-7:2009** - Água para amassamento do concreto - Parte 7: Análise química - Determinação de sulfato solúvel em água. São Paulo, 2009. 3 p.

_____. **NBR 15900-8:2009** - Água para amassamento do concreto - Parte 8: Análise química - Determinação de fosfato solúvel em água. São Paulo, 2009. 4 p.

_____. **NBR 15900-9:2009** - Água para amassamento do concreto - Parte 9: Análise química - Determinação de álcalis solúveis em água. São Paulo, 2009. 6 p.

_____. **NBR 16015:2012** - Vidro insulado - Características, requisitos e métodos de ensaio. São Paulo, 2012. 52 p.

_____. **NBR 16023:2011** - Vidros revestidos para controle solar - Requisitos, classificação e métodos de ensaio. São Paulo, 2011. 18 p.

_____. **NBR 18801:2010** - Sistema de gestão da segurança e saúde no trabalho - Requisitos. São Paulo, 2010. 15 p.

_____. **NBR 5014:2012**. Produtos refratários conformados densos e isolantes - Determinação do módulo de ruptura à temperatura ambiente. São Paulo, 2012. 5 p.

_____. **NBR 5645:1990** - Tubo cerâmico para canalizações. São Paulo, 1990. 8 p.

_____. **NBR 5732:1991** - Cimento Portland comum. São Paulo, 1991. 5 p.

_____. **NBR 5733:1991** - Cimento Portland de alta resistência inicial. São Paulo, 1991. 5 p.

_____. **NBR 5735:1991** - Cimento Portland de alto forno. São Paulo, 1991. 6 p.

_____. **NBR 5736:1991** - Cimento Portland pozolânico. São Paulo, 1991. 5 p.

_____. **NBR 5737:1992** - Cimentos Portland resistentes a sulfatos. São Paulo, 1992. 4 p.

_____. **NBR 5738:2003** - Concreto - Procedimento para moldagem e cura dos corpos de prova. São Paulo, 2003. 6 p.

_____. **NBR 5739:2007** - Concreto - Ensaios de compressão de corpos de prova cilíndricos. São Paulo, 2007. 9 p.

_____. **NBR 5741:1993** - Extração e preparação de amostras de cimentos. São Paulo, 1993. 3 p.

_____. **NBR 6114:2011** - Materiais refratários conformados - Determinação das dimensões, paralelismos, empenos e/ou abaulamentos, trincas, lascamentos de cantos e/ou arestas, rebarbas, inclusões e/ou cavidades e deformações e/ou marcas de enforna. São Paulo, 2011. 10 p.

_____. **NBR 6115:2012** - Materiais refratários isolantes conformados - Determinação da densidade de massa aparente. São Paulo, 2012. 2 p.

_____. **NBR 6118:2007** - Projeto de estruturas de concreto - Procedimento. São Paulo, 2007. 221 p.

_____. **NBR 6220:2011** - Materiais refratários densos conformados - Determinação do volume aparente, densidade de massa aparente, porosidade aparente, absorção e densidade aparente da parte sólida. São Paulo, 2011. 4 p.

_____. **NBR 6221:1995** - Materiais refratários - Determinação da densidade de massa real. São Paulo, 1995. 2 p.

_____. **NBR 6222:1995** - Material refratário - Determinação do cone pirométrico equivalente. São Paulo, 1995. 4 p.

_____. **NBR 6223:1995** - Material refratário - Determinação da refratariedade sob carga. São Paulo, 1995. 2 p.

_____. **NBR 6224:2001** - Materiais refratários densos conformados - Determinação da resistência à compressão a temperatura ambiente. São Paulo, 2001. 2 p.

_____. **NBR 6225:2013** - Materiais refratários conformados - Determinação da variação linear dimensional permanente após aquecimento. São Paulo, 2013. 5 p.

_____. **NBR 6460:1983** - Tijolo maciço cerâmico para alvenaria - Verificação da resistência à compressão. São Paulo, 1983. 3 p.

_____. **NBR 6467:2006** - Agregados - Determinação do inchamento de agregado miúdo - Método de ensaio. São Paulo, 2006. 5 p.

_____. **NBR 6549:1991** - Tubo cerâmico para canalizações - Verificação da permeabilidade. São Paulo, 1991. 3 p.

_____. **NBR 6582:1991** - Tubo cerâmico para canalizações - Verificação da resistência à compressão diametral. São Paulo, 1991. 2 p.

_____. **NBR 6637:2013** - Materiais refratários conformados - Determinação da dilatação térmica linear reversível. São Paulo, 2013. 2 p.

_____. **NBR 6945:2011** - Materiais refratários - Determinação do teor de umidade de matérias-primas refratárias e em refratários não conformados. São Paulo, 2011. 2 p.

_____. **NBR 6946:2001** - Materiais refratários - Determinação granulométrica por peneiramento de matérias-primas refratárias e refratários não conformados. São Paulo, 2001. 4 p.

_____. **NBR 7170:1983** - Tijolo maciço cerâmico para alvenaria. São Paulo, 1983. 4 p.

_____. **NBR 7199:1989** - Projeto, execução e aplicações de vidros na construção civil. São Paulo, 1989. 18 p.

_____. **NBR 7211:2009** - Agregados para concreto - Especificação. São Paulo, 2009. 9 p.

_____. **NBR 7212:2012** - Execução de concreto dosado em central - Procedimento. São Paulo, 2012. 16 p.

_____. **NBR 7213:2013** - Agregados leves para concreto isolante térmico - Requisitos. São Paulo, 2013. 5 p.

_____. **NBR 7214:2012** - Areia normal para ensaio de cimento - Especificação. São Paulo, 2012. 4 p.

_____. **NBR 7215:1996** - Cimento Portland - Determinação da resistência à compressão. São Paulo, 1996. 8 p.

_____. **NBR 7218:2010** - Agregados - Determinação do teor de argila em torrões e materiais friáveis. São Paulo, 2010. 3 p.

_____. **NBR 7221:2012** - Agregado - Índice de desempenho de agregado miúdo contendo impurezas orgânicas - Método de ensaio. São Paulo, 2012. 4 p.

_____. **NBR 7222:2011** - Concreto e argamassa - Determinação da resistência à tração por compressão diametral de corpos de prova cilíndricos. São Paulo, 2011. 5 p.

_____. **NBR 7334:2011** - Vidros de segurança - Determinação dos afastamentos quando submetidos à verificação dimensional e suas tolerâncias - Método de ensaio. São Paulo, 2011. 7 p.

_____. **NBR 7389-1: 2009** - Agregados - Análise petrográfica de agregado para concreto - Parte 1: Agregado miúdo. São Paulo, 2009. 5 p.

_____. **NBR 7389-2:2009** - Agregados - Análise petrográfica de agregado para concreto - Parte 2: Agregado graúdo. São Paulo, 2009. 5 p.

_____. **NBR 7480:2007** - Aço destinado a armaduras para estruturas de concreto armado - Especificação. São Paulo, 2007. 13 p.

_____. **NBR 7529:1991** - Tubo e conexão cerâmicos para canalizações - Determinação da absorção de água. São Paulo, 1991. 2 p.

_____. **NBR 7530:1991** - Tubo cerâmico para canalizações - Verificação dimensional. São Paulo, 1991. 3 p.

_____. **NBR 7584:2012** - Concreto endurecido - Avaliação da dureza superficial pelo esclerômetro de reflexão. São Paulo, 2012. 10 p.

_____. **NBR 7680:2007** - Concreto - Extração, preparo e ensaio de testemunhos de concreto. São Paulo, 2007. 12 p.

_____. **NBR 7689:1991** - Tubo e conexão cerâmicos para canalizações - Determinação da resistência química. São Paulo, 1991. 2 p.

_____. **NBR 7809:2006** - Agregado graúdo - Determinação do índice de forma pelo método do paquímetro - Método de ensaio. São Paulo, 2006. 3 p.

_____. **NBR 7999:1997** - Materiais refratários conformados - Amostragem para inspeção por variáveis. São Paulo, 1997. 19 p.

_____. **NBR 8002:1983** - Material refratário de alto teor em sílica - Análise química - Método de ensaio. São Paulo, 1983. 19 p.

_____. **NBR 8003:2012** - Materiais refratários isolantes conformados - Determinação da porosidade total. São Paulo, 2012. 2 p.

_____. **NBR 8041:1983** - Tijolo maciço cerâmico para alvenaria - Forma e dimensões - Padronização. São Paulo, 1983. 2 p.

_____. **NBR 8045:1993** - Concreto - Determinação da resistência acelerada à compressão - Método da água em ebulição - Método de ensaio. São Paulo, 1993. 3 p.

_____. **NBR 8224:2012** - Concreto endurecido - Determinação da fluência - Método de ensaio. São Paulo, 2012. 9 p.

_____. **NBR 8382:2010** - Materiais refratários não conformados - Preparação de corpos-de-prova de concretos para projeção, concretos isolantes, concretos densos e concretos de fluência livre. São Paulo, 2010. 3 p.

_____. **NBR 8383:1995** - Amostragem para inspeção por atributos em materiais refratários conformados - Procedimento. São Paulo, 1995. 10 p.

_____. **NBR 8385:2013** - Materiais refratários não conformados - Determinação da variação linear dimensional permanente. São Paulo, 2013. 3 p.

_____. **NBR 8409:1996** - Conexão cerâmica para canalizações - Especificação. São Paulo, 1996. 9 p.

_____. **NBR 8522:2008** - Concreto - Determinação do módulo estático de elasticidade à compressão. São Paulo, 2008. 16 p.

_____. **NBR 8545:1984** - Execução de alvenaria sem função estrutural de tijolos e blocos cerâmicos - Procedimento. São Paulo, 1984. 13 p.

_____. **NBR 8592:2012** - Materiais refratários densos granulados - Determinação da densidade de massa aparente, da absorção e da porosidade aparente - Método de ensaio. São Paulo, 2012. 4 p.

_____. **NBR 8802:2013** - Concreto endurecido - Determinação da velocidade de propagação de onda ultrassônica. São Paulo, 2013. 8 p.

_____. **NBR 8825:1996** - Amostragem de materiais refratários não conformados - Procedimento. São Paulo, 1996. 7 p.

_____. **NBR 8826:1997** - Materiais refratários - Terminologia. São Paulo, 1997. 26 p.

_____. **NBR 8827:2011**- Materiais refratários - Determinação do tempo de retenção de água de argamassas. São Paulo, 2011. 2 p.

_____. **NBR 8828:1985** - Material refratário - Análise química de materiais refratários sílico-aluminosos - Método de ensaio. São Paulo, 1985. 10 p.

_____. **NBR 8829:2012** - Materiais refratários básicos - Determinação da resistência à hidratação. São Paulo, 2012. 4 p.

_____. **NBR 8830:1985** - Material refratário - Determinação do ataque por escória pelo método dinâmico - Método de ensaio. São Paulo, 1985. 4 p.

_____. **NBR 8928:1985** - Junta elástica de tubos e conexões cerâmicos para canalizações - Especificação. São Paulo, 1985. 3 p.

_____. **NBR 8929:1985** - Anel de borracha para tubos e conexões cerâmicos para canalizações - Especificação. São Paulo, 1985. 3 p.

_____. **NBR 8930:1985** - Anel de borracha para tubos e conexões cerâmicos para canalizações - Determinação da tensão de compressão - Método de ensaio. São Paulo, 1985. 2 p.

_____. **NBR 8931:1985** - Anel de borracha para tubos e conexões cerâmicos para canalizações - Determinação do envelhecimento acelerado em estufa - Método de ensaio. São Paulo, 1985. 2 p.

_____. **NBR 8932:1985** - Anel de borracha para tubos e conexões cerâmicos para canalizações - Determinação da deformação permanente à compressão - Método de ensaio. São Paulo, 1985. 3 p.

_____. **NBR 8933:1985** - Anel de borracha para tubos e conexões cerâmicos para canalizações - Determinação da resistência a óleo - Método de ensaio. São Paulo, 1985. 3 p.

_____. **NBR 8949:1985** - Paredes de alvenaria estrutural - Ensaio à compressão simples - Método de ensaio. São Paulo, 1985. 7 p.

_____. **NBR 8953:2009** - Concreto para fins estruturais - Classificação pela massa específica, por grupos de resistência e consistência. São Paulo, 2009. 4 p.

_____. **NBR 9062:2006** - Projeto e execução de estruturas de concreto pré-moldado. São Paulo, 2006. 59 p.

_____. **NBR 9204:2012** - Concreto endurecido - Determinação da resistividade elétrico-volumétrica - Método de ensaio. São Paulo, 2012. 12 p.

_____. **NBR 9210:2012** - Materiais refratários conformados ligados a piche ou impregnados - Determinação do carbono fixo. São Paulo, 2012. 5 p.

_____. **NBR 9230:1986** - Vermiculita expandida - Especificação. São Paulo, 1986. 4 p.

_____. **NBR 9479:2006** - Argamassa e concreto - Câmaras úmidas e tanques de cura de corpos de prova. São Paulo, 2006. 2 p.

_____. **NBR 9492:2011** - Vidros de segurança - Ensaio de ruptura - Segurança contra estilhaços. São Paulo, 2011. 4 p.

_____. **NBR 9493:2012** - Vidros de segurança - Método de ensaio para determinação da resistência ao impacto com "Phanton". São Paulo, 2012. 4 p.

_____. **NBR 9494:2012** - Vidros de segurança - Método de ensaio para determinação da resistência ao impacto com esfera. São Paulo, 2012. 5 p.

_____. **NBR 9497:2011** - Vidros de segurança - Método de ensaio para determinação da imagem secundária. São Paulo, 2011. 5 p.

_____. **NBR 9498:2011** - Vidros de segurança - Método de ensaio de abrasão. São Paulo, 2011. 5 p.

_____. **NBR 9499:2011** - Vidros de segurança - Método de ensaio de resistência à alta temperatura. São Paulo, 2011. 2 p.

_____. **NBR 9501:2011** - Vidros de segurança - Método de ensaio de radiação. São Paulo, 2011. 2 p.

_____. **NBR 9502:2011** - Vidros de segurança - Método de ensaio de resistência à umidade. São Paulo, 2011. 2 p.

_____. **NBR 9503:2011** - Vidros de segurança - Método de ensaio para determinação da transmissão luminosa. São Paulo, 2011. 2 p.

_____. **NBR 9504:2011** - Vidros de segurança - Método de ensaio para determinação da distorção óptica. São Paulo, 2011. 5 p.

_____. **NBR 9607:2012** - Prova de carga em estruturas de concreto armado e protendido - Procedimento. São Paulo, 2012. 13 p.

_____. **NBR 9634:2010** - Materiais refratários conformados para carros torpedo - Requisitos gerais. São Paulo, 2010. 4 p.

_____. **NBR 9635:2010** - Materiais refratários conformados para panelas de aço e de gusa - Requisitos. São Paulo, 2010. 4 p.

_____. **NBR 9636:2011** - Materiais refratários conformados para convertedores LD - -Requisitos gerais. São Paulo, 2011. 4 p.

_____. **NBR 9637:2012** - Materiais refratários conformados densos para lingotamento indireto - Requisitos gerais. São Paulo, 2012. 5 p.

_____. **NBR 9638:2012** - Materiais refratários conformados para fornos elétricos a arco - -Requisitos. São Paulo, 2012. 4 p.

_____. **NBR 9639:1991** - Padiolas para transporte de materiais refratários - Padronização. São Paulo, 1991. 7 p.

_____. **NBR 9640:2011** - Materiais refratários antiácidos conformados - Determinação da resistência ao ataque por ácido sulfúrico ou por ácido clorídrico. São Paulo, 2011. 3 p.

_____. **NBR 9641:1995** - Materiais refratários densos - Determinação do ataque por escória pelo método estático - Método de ensaio. São Paulo, 1995. 3 p.

_____. **NBR 9642:2012** - Materiais refratários - Determinação da resistência à flexão a quente. São Paulo, 2012. 2 p.

_____. **NBR 9644:1986** - Preparação de amostras para análise química de materiais refratários - Procedimento. São Paulo, 1986. 2 p.

_____. **NBR 9749:2013** - Materiais refratários - Determinação da resistência à compressão, à temperatura ambiente, de canais e luvas cilíndricas. São Paulo, 2013. 4 p.

_____. **NBR 9774:1987** - Agregados - Verificação da reatividade potencial pelo método químico. Método de ensaio. São Paulo, 1987. 10 p.

_____. **NBR 9775:2011** - Agregado miúdo - Determinação do teor de umidade superficial por meio do frasco de Chapman - Método de ensaio. São Paulo, 2011. 3 p.

_____. **NBR 9778:2005** - Argamassa e concreto endurecidos - Determinação da absorção de água, índice de vazios e massa específica. São Paulo, 2005. 4 p.

_____. **NBR 9779:2012** - Argamassas e concreto endurecidos - Determinação da absorção de água por capilaridade. São Paulo, 2012. 3 p.

_____. **NBR 9833:2008** - Concreto fresco - Determinação da massa específica, do rendimento e do teor de ar pelo método gravimétrico. São Paulo, 2008. 7 p.

_____. **NBR 9882:2012** - Material refratário carbonáceo não conformado - Determinação do carbono fixo. São Paulo, 2012. 7 p.

_____. **NBR 9917:2009** - Agregados para concreto - Determinação de sais, cloretos e sulfatos solúveis. São Paulo, 2009. 10 p.

_____. **NBR 9935:2011** - Agregados - Terminologia. São Paulo, 2011. 12 p.

_____. **NBR 9936:2013** - Agregados - Determinação do teor de partículas leves. Método de ensaio. São Paulo, 2013. 4 p.

_____. **NBR 9938:2013** - Agregados - Determinação da resistência ao esmagamento de agregados graúdos - Método de ensaio. São Paulo, 2013. 3 p.

_____. **NBR 9939:2011** - Agregado graúdo - Determinação do teor de umidade total - Método de ensaio. São Paulo, 2011. 3 p.

_____. **NBR 9940:1987** - Agregados - Determinação do índice de manchamento em agregados leves. Método de ensaio. São Paulo, 1987. 6 p.

_____. **NBR 95600**. Telhas cerâmicas. Rio de Janeiro, 1987.

_____. **NBR ISO 13765-1:2014**. Argamassas refratárias Parte 1: Determinação da consistência usando o método do cone de penetração. São Paulo, 2014. 5 p.

_____. **NBR ISO 13765-4:2012** - Argamassa refratária Parte 4: Determinação da resistência à flexão da junta. São Paulo, 2012. 6 p.

_____. **NBR ISO 14001:2004** - Sistemas da gestão ambiental - Requisitos com orientações para uso. São Paulo, 2004. 27 p.

_____. **NBR ISO 6892-1:2013** - Materiais metálicos - Ensaio de tração. São Paulo, 2013. 70 p.

_____. **NBR ISO 9001:2008** - Sistemas de gestão da qualidade - Requisitos. São Paulo, 2008. 28 p.

_____. **NBR NM 10:2012** - Cimento Portland - Análise química - Disposições gerais. São Paulo, 2012. 6 p.

_____. **NBR NM 137:1997** - Argamassa e concreto - Água para amassamento e cura de argamassa e concreto de cimento Portland. São Paulo, 1997. 15 p.

_____. **NBR NM 2:2000** - Cimento, concreto e agregados - Terminologia - Lista de termos. São Paulo, 2000. 85 p.

_____. **NBR NM 23:2001** - Cimento Portland e outros materiais em pó - Determinação da massa específica. São Paulo, 2001. 5 p.

_____. **NBR NM 248:2003** - Agregados - Determinação da composição granulométrica. São Paulo, 2003. 6 p.

_____. **NBR NM 26:2009** - Agregados - Amostragem. São Paulo, 2009. 10 p.

_____. **NBR NM 27:2001** - Agregados - Redução da amostra de campo para ensaios de laboratório. São Paulo, 2001. 7 p.

_____. **NBR NM 293:2004** - Terminologia de vidros planos e dos componentes acessórios a sua aplicação. São Paulo, 2004. 20 p.

_____. **NBR NM 294:2004** - Vidro *float*. São Paulo, 2004. 11 p.

_____. **NBR NM 295:2004** - Vidro aramado. São Paulo, 2004. 9 p.

_____. **NBR NM 297:2004** - Vidro impresso. São Paulo, 2004. 8 p.

_____. **NBR NM 298:2006** - Classificação do vidro plano quanto ao impacto. São Paulo, 2006. 10 p.

_____. **NBR NM 3:2000** - Cimento Portland branco - Determinação da brancura. São Paulo, 2000. 3 p.

_____. **NBR NM 30:2001** - Agregado miúdo - Determinação da absorção de água. São Paulo, 2001. 3 p.

_____. **NBR NM 32:1994** - Agregado graúdo - Métodos de ensaio de partículas friáveis. São Paulo, 1994. 5 p.

_____. **NBR NM 33:1998** - Concreto - Amostragem de concreto fresco. São Paulo, 1998. 5 p.

_____. **NBR NM 36:1998** - Concreto fresco - Separação de agregados grandes por peneiramento. São Paulo, 1998. 4 p.

_____. **NBR NM 45:2006** - Agregados - Determinação da massa unitária e do volume de vazios. São Paulo, 2006. 8 p.

_____. **NBR NM 46:2003** - Agregados - Determinação do material fino que passa através da peneira 75 µm, por lavagem. 6 p. São Paulo, 2003.

_____. **NBR NM 47:2002** - Concreto - Determinação do teor de ar em concreto fresco - Método pressométrico. São Paulo, 2002. 23 p.

_____. **NBR NM 49:2001** - Agregado miúdo - Determinação de impurezas orgânicas. São Paulo, 2001. 3 p.

_____. **NBR NM 51:2001** - Agregado graúdo - Ensaio de abrasão "Los Angeles". São Paulo, 2001. 6 p.

_____. **NBR NM 52:2009** - Agregado miúdo - Determinação da massa específica e massa específica aparente. São Paulo, 2009. 6 p.

_____. **NBR NM 53:2009** - Agregado graúdo - Determinação da massa específica, massa específica aparente e absorção de água. São Paulo, 2009. 8 p.

_____. **NBR NM 65:2003** - Cimento Portland - Determinação do tempo de pega. São Paulo, 2003. 4 p.

_____. **NBR NM 66:1998** - Agregados - Constituintes mineralógicos dos agregados naturais - Terminologia. São Paulo, 1998. 9 p.

_____. **NBR NM 67:1996** - Concreto - Determinação da consistência pelo abatimento do tronco de cone. São Paulo, 1996. 8 p.

_____. **NBR NM 68:1998** - Concreto - Determinação da consistência pelo espalhamento na mesa de Graff. São Paulo, 1998. 10 p.

_____. **NBR NM 9:2003** - Concreto e argamassa - Determinação dos tempos de pega por meio da resistência à penetração. São Paulo, 2003. 6 p.

_____. **NBR NM ISO 2395:1997** - Peneira de ensaio e ensaio de peneiramento - Vocabulário. São Paulo, 1997. 9 p.

_____. **NBR NM ISO 3310-1:2010** - Peneiras de ensaio - Requisitos técnicos e verificação - Parte 1: Peneiras de ensaio com tela de tecido metálico (ISO 3310-1, IDT). São Paulo, 2010. 20 p.

_____. **NBR NM ISO 3310-2:2010** - Peneiras de ensaio - Requisitos técnicos e verificação - Parte 2: Peneiras de ensaio de chapa metálica perfurada (ISO 3310-2:1999, IDT). São Paulo, 2010. 13 p.

AMBROZEWICZ, P. H. L. **Materiais de construção:** normas, especificações, aplicação e ensaios de laboratório. 1. ed. São Paulo: Pini, 2012.

ASKELAND, D. R.; PHULE, P. P. **Ciência e engenharia dos materiais**. 1. ed. São Paulo: Cengage, 2008.

BAUER, L. A. F. **Materiais de construção**. v. 1 e 2. Rio de Janeiro: LTC, 2010.

BRASIL, N. **Sistema Internacional de Unidades**. 2. ed. São Paulo: Interciência, 2013.

CALLISTER, W. D.; RETHWISCH, D. G. **Ciência e engenharia de materiais:** uma introdução. 8. ed. Rio de Janeiro: LTC, 2009.

KULA, D.; TERNAUX, E.; HIRSINGER, Q. **Materiologia:** o guia criativo de materiais e tecnologias. 1. ed. São Paulo: Senac, 2012.

PADILHA, A. F. **Materiais de engenharia:** microestrutura e propriedades. 2. ed. São Paulo: Hemus, 2007.

POLIMIX AGREGADOS. **Normas técnicas**. Disponível em: <http://www.polimixagregados.com.br/s/normastecnicas.php>. Acesso em: 19 jan. 2014.

SHACKELFORD, J. F. **Ciência dos materiais**. 6. ed. São Paulo: Prentice Hall Brasil, 2008.